"十三五"国家重大专项
所属专项：绿色建筑及建筑工业化
所属项目：目标和效果导向的绿色建筑设计新方法及工具
项目编号：2016YFC0700200
课 题 三：南方地区高大空间公共建筑绿色设计新方法与技术协同优化
课题编号：2016YFC0700203

高大空间公共建筑
绿色设计导则

冷嘉伟　虞　菲　徐菁菁 著

东南大学出版社
南京

内容提要

本书概述了高大空间公共建筑在空间形态、功能运行、气流组织、指标要求等方面具有的典型特征与设计要点，并结合我国南方地区高温高湿与局部夏热冬冷的气候特征，提出针对地域性气候特征的南方地区高大空间公共建筑的绿色设计策略。同时，基于现有公共建筑绿色设计的相关理论，特别是性能化设计策略及气候适应性设计模式的研究，从规划与景观设计、建筑空间设计和建筑界面设计三个方面，建立以高舒适度、低能耗为导向的南方地区高大空间公共建筑绿色设计导则，并结合两个设计案例，为南方地区高大空间公共建筑绿色设计工作提供有效指导。

图书在版编目（CIP）数据

高大空间公共建筑绿色设计导则/冷嘉伟，虞菲，徐菁菁著.—南京：东南大学出版社，2021.6
ISBN 978-7-5641-9581-6

Ⅰ.①高… Ⅱ.①冷… ②虞… ③徐… Ⅲ.①公共建筑—生态建筑—建筑设计 Ⅳ.① TU242

中国版本图书馆 CIP 数据核字（2021）第 124280 号

高大空间公共建筑绿色设计导则
Gaoda Kongjian Gonggong Jianzhu Lüse Sheji Daoze

著　　者：冷嘉伟　虞　菲　徐菁菁
责任编辑：戴　丽
封面设计：睦格瑞
责任印制：周荣虎

出版发行：东南大学出版社
社　　址：南京市四牌楼 2 号　　邮编：210096
网　　址：http://www.seupress.com
出 版 人：江建中

印　　刷：上海雅昌艺术印刷有限公司
排　　版：南京布克文化发展有限公司
开　　本：700 mm×1000 mm　1/16　印　张：8.25　字　数：120 千字
版 印 次：2021 年 6 月第 1 版　2021 年 6 月第 1 次印刷
书　　号：ISBN 978-7-5641-9581-6
定　　价：68.00 元

经　　销：全国各地新华书店
发行热线：025-83790519　83791830

前言

高大空间是指"空间高度大于 5 m，体积大于 1 万 m^3 的空间"，可呈现为门厅、中庭、站厅、展厅、观演厅、比赛厅等不同功能类型，广泛存在于公共建筑中并成为设计的核心与焦点。

高大空间公共建筑在空间形态、结构选型、功能使用和气流组织等方面都有其不可忽视的特殊性。一方面，在一般高大空间设计中以机电设备为核心的绿色节能设计已取得不少成果；但另一方面，建筑布局、空间形态、结构形式、建筑构造和建筑材料等也对绿色节能有不可忽视的影响。新版《绿色建筑评价标准》（GB/T 50378—2019）倡导建筑师应在绿色建筑设计中发挥主体作用，但目前针对公共建筑尤其是高大空间绿色设计方法的指导相对缺乏，这既不利于绿色设计的全过程实现，也不利于建筑设计的引领作用。

因此，本导则主要从建筑师的视角，基于高大空间在空间形态、人员活动、气流组织等方面的典型特征，结合南方地区气候特征，从规划与景观设计、建筑空间设计、建筑界面设计三个层面提炼设计要素与主要策略，并结合实例，建立以高舒适度、低能耗为导向的高大空间公共建筑绿色设计导则。

本导则作为"十三五"国家重大专项"目标和效果导向的绿色建筑设计新方法及工具"（项目编号：2016YFC0700200）中课题三"南方地区高大空间公共建筑绿色设计新方法与技术协同优化"（课题编号：2016YFC0700203）的研究成果之一，旨在通过建筑设计，利用有效的空间组织、合理的形体、材料和构造设计达到高大空间综合降低建筑能耗的目的，从而实现绿色建筑目标和效果的统一。

目录

绪言

0.1　高大空间公共建筑绿色设计背景

　　能源危机、气候变化和生态环境问题是人类社会面临的严峻挑战。从 20 世纪 70 年代以来，化石燃料的消耗量大量增加，建筑材料的过度使用，生活中采暖、空调等设备的大量耗能，迫使人们越来越关注如何合理利用自然资源以及寻找替代性能源。建筑作为一项耗能大、碳排放高的产业，必须最大限度地降低能源消耗，为防止能源与环境问题的恶化、实现碳中和做出应有的贡献。同时，我国建设规模的快速扩张，以及使用者对建筑所能提供服务水平的要求也愈来愈高，两者成为我国建筑节能所面临的特殊矛盾。

　　绿色建筑设计一直以来受到我国政府部门的高度重视，并且取得了令人瞩目的成果。近十几年来，我国政府已经陆续颁布了诸多法律法规、政策通知、标准规范，对建筑节能起到了积极的推动作用和一定的约束效力。2012 年，财政部、住房和城乡建设部联合发布了《关于加快推动我国绿色建筑发展的实施意见》，明确将通过建立财政激励机制、健全标准规范及评价标识体系、推进相关科技进步和产业发展等多种手段，力争到 2020 年，绿色建筑占新建建筑比重超过 30%。

　　在各级建设主管部门的推动下，一系列与建筑节能和绿色建筑相关的政策标准陆续出台。其中比较重要的有：1996 年颁布的《建筑节能技术政策》，2001 年通过的《绿色生态住宅小区建设要点与技术导则》，以及 2015 年发布的《公共建筑节能设计标准》（GB 50189—2015）[5] 等。在 2019 年《绿色建筑评价标准》（GB/T 50378—2019）与《严寒和寒冷地区居住建筑节能设计标准》（JGJ 26—2018）均得到更新。其中，绿色建筑的定义修改为"在全寿命期内，节约资源、保护环境、减少污染，为人们提供健康、适用、高效的使用空间，最大限度地实现人与自然和谐共生的高质量建筑"。

0.2 高大空间绿色建筑节能的重要性与特殊性

目前我国能源增长速度仅为 3.5%，而建筑能耗的增长速度却高达 10.3%。建筑、工业和交通是我国的三大能耗领域，广义建筑能耗约占我国全社会能源消耗量的 30%。不管是既有建筑还是新建建筑，高大空间公共建筑都是耗能大户。以 2015 年为例，中国建筑业广义能源消耗总量约为 13.90 亿 tce，包括 5 种建筑建材（钢、水泥、玻璃、陶瓷、铝）生产过程的能耗和建筑运行的总能耗，占全国能源消耗总量的 32%。再加上其他建材生产和施工能耗，中国广义建筑能耗约占全国能源消耗总量的 40%[1]。因此，降低高大空间公共建筑能耗对于节约能源有重要作用。

高大空间具有区别于一般空间的特殊性：从空间形态特征到功能运行机制乃至气流组织模式等方面，如若处理不当容易造成极大的浪费。然而值得注意的是，虽然我国各类公共建筑的设计均有相应的规范和标准 [如《公共建筑节能设计标准》（GB 50189—2015）、《节能建筑评价标准》（GB/T 50668—2011）、《公共建筑节能检测标准》（JGJ/T 177—2009）等国家标准和十余部建筑节能设计的地方标准）]，但这些标准主要按照公共建筑的功能类型进行划分，对不同空间类型产生的影响缺乏讨论，对于高大空间的特性缺少针对性的绿色设计指导。

总之，高大空间公共建筑的绿色设计，符合《国家中长期科学和技术发展规划纲要（2006—2020 年）》中关于城镇化与城市发展 / 建筑节能与绿色建筑方向的相关需求，具有系统性、前瞻性、可实施性，将为我国达到节能减碳目标，实现环境保护、资源节约、节能减排，提高生活质量起到基础建设作用，具有重要的社会意义。

注释

1. 清华大学建筑节能研究中心 . 中国建筑节能年度发展研究报告 2017[M]. 北京：中国建筑工业出版社，2017.

0.3　目标和效果导向的绿色建筑设计

目前，公共建筑的绿色设计的评价和标准更多地指向材料、工具和设备，呈现对地域气候条件的响应不足，过分依赖主动式设备，建筑整体空间形态的绿色设计潜力挖掘不足，相关专业之间缺乏协作，系统集成化程度较低等问题。在实际建筑设计中，往往存在先设计后评价再改设计的反复过程，低效且费时费力，全过程绿色设计更是无从谈起。

在这个背景下，"十三五"国家重大专项设立了名为"目标和效果导向的绿色建筑设计新方法及工具"的重点研发项目，强调在能源危机的背景下，从建筑学本体（如空间、形体、材料和构造）出发，变革传统建筑设计思维模式，创新空间构思逻辑，将绿色性能作为建筑空间设计营造的核心内容，建立目标和效果导向的绿色建筑设计导则，研发新工具，实现综合集成示范和效果验证。其中课题三更是针对"南方地区高大空间公共建筑绿色设计新方法与技术协同优化"展开研究。研究以"十三五"期间投资建设的具有高大空间的典型公共建筑类型为示范对象，针对南方地区气候特征探索形成以目标与效果为导向，以建筑设计为主导，协同优化各专业设计，实现科学判定和优化决策的设计流程和技术方法体系，并建立主要针对南方地区的高大空间公共建筑绿色设计导则。

目标和效果导向的绿色设计，就是要针对我国公共建筑绿色设计的瓶颈问题和具体情况，紧跟国际前沿，创建以气候适应性优先为导向，突出人的行为及其环境感知的前提性影响，以空间形态调节为核心，以动态集成和过程互动为特征的绿色建筑设计新方法，从理论和方法上为我国的绿色建筑设计实践提供坚实基础和科学支撑，实现绿色建筑目标和效果的统一。

· 人体舒适度

从生理角度讲，人对室内气候环境有明确而持续的要求：室内热环境需要维持在一个相对稳定的热舒适范围。国际标准化组织 ISO 7730 对热舒适的定义是"人对热环境感觉满意的一种心理状态"。在生理学中，当人处于舒适的状态时，人体的热调节机能处于最低的活动状态。人体的热舒适主要受四个因素的影响：气候环境因素，包括温度、湿度、太阳辐射和风速状况；人体自身因素，包括人新陈代谢的速度、活动和静止状况、衣服的保温作用；地区因素，即不同地区的人在相同的气候条件下抗热及抗寒的适应性能力有所差别；建筑中空调设施的应用。此外，人们对于环境的控制力不断增强，舒适性标准也对应地产生变化[1]。

根据我国现行的《民用建筑供暖通风与空气调节设计规范》（GB 50736—2012）对舒适性空调房间的设计参数提出了选用范围（表 0-1），其中温度对于热舒适和空调能耗的影响最大，对于高级建筑和长时间停留的建筑，夏季取低值，冬季取静止高值。相对湿度的选取方法相反[2]。当然，考虑到不同功能使用的需求，舒适性的参数也会相应调整。

表 0-1　舒适性空气调节室内常用计算参数

参数	冬季	夏季
温度（℃）	18~24	22~28
风速（m/s）	≤ 0.2	≤ 0.3
相对湿度（%）	30~60	40~65

（资料来源：陈飞.建筑风环境：夏热冬冷气候区风环境研究与建筑节能设计 [M].北京：中国建筑工业出版社，2009.）

· 性能导向的建筑设计

所谓性能导向的建筑设计，就是要将建筑的舒适性、适用性、宜居性、节能性等诸多性能作为建筑设计的初始目标之一，将建筑性能纳入设计的全过程中。将对建筑性能的思考反推设计，是对区域性气候性特征的应对，也是对以人为本精神的体现。

　　在具体内容上，性能导向的建筑设计往往涉及：①基于性能的建筑形体优化设计；②形体对建筑性能的影响规律分析或统计模型构建；③整合方案建模、模拟计算、结果可视化等环节，面向建筑师的设计工具开发等。与传统建筑设计的先设计再评价反馈修改相比，性能导向的建筑设计通过将模拟计算等结合在设计推进与优化的过程中，既减少了纯经验判断可能产生的问题，也避免了对设计方案的推翻重算。由于性能导向的建筑设计涉及不断地模拟计算优化与反馈，因此对动态集成和过程互动提出了要求。此外由于性能导向的建筑设计在设计初期就已经介入，因此与传统建筑设计相比，更能体现空间形态调节的影响，也更能发挥建筑师对绿色设计的作用。

注释

1. 陈飞. 建筑风环境: 夏热冬冷气候区风环境研究与建筑节能设计 [M]. 北京: 中国建筑工业出版社, 2009.
2. 马薇, 张宏伟. 美国绿色建筑理论与实践 [M]. 北京: 中国建筑工业出版社, 2012.

0.4 建筑设计在绿色设计中的主导性

在传统的绿色设计中，公共建筑节能设计标准主要是从围护结构热工性能、采暖通风和空调调节设计方面提出控制指标和节能措施，从建筑空间设计的角度出发的较少，且往往仅限于建筑体形系数和窗墙比等参数规定，因此对建筑设计阶段建筑空间本体的节能缺乏具体的规定和专业导向。基于这些问题，我国《绿色建筑评价标准》（GB/T 50378—2019）发生了重大更新：从以暖通设备为主导转向着力强调建筑师在绿色设计过程中的主导作用与主动参与；强调综合设计策略而非附加设备的方式实现绿色理念；从以强调节能为主的"四节一环保"（即节能、节地、节水、节材和环境保护）评价体系，转向强调建筑全生命周期的多维度综合评价；从以后评估为主，向强调前策划、预设计转变。新版《绿色建筑评价标准》旨在促进设计方案推演过程中的实时建筑性能模拟评价与反馈，从而推动实现让建筑师主导的综合绿色设计的目标。

高大空间公共建筑绿色设计导则正是呼应新版《绿色建筑评价标准》的主要精神，从建筑设计本源的角度出发，针对特殊的空间类型，在设计初期就将绿色理念融会贯穿，从而有助于实现真正的绿色建筑。通过从空间形态、功能流线等视角出发，强化绿色设计中建筑设计的重要性和主导性，为建筑师开展全过程绿色设计提供指导，从而促进绿色建筑设计更好发展，实现绿色建筑目标和效果的统一。

1 高大空间公共建筑绿色设计特征

1.1 高大空间概述

1.1.1 高大空间的定义和类型

高大空间是指"空间高度大于 5 m，体积大于 1 万 m^3 的空间"（该定义摘自《大空间建筑空调设计及工程实录》）。随着空间高度的增加，热分层现象突出，空调区与非空调区有明显的热流分层，热源上方存在明显的热羽流。空间高度"5 m"是分层空调的临界值，送风口高度为 5 m 的情况下，工作区可以获得较为均匀的速度场和温度场，工作区舒适度条件较好。

虽然高大空间的概念和定义仅源于暖通工程领域，但与其他小空间相比，高大空间在空间形态、结构选型、功能运行和气流组织等方面都有其不可忽视的特殊性。由于高大空间可呈现为门厅、中庭、站厅、展厅、观演厅、比赛厅等不同功能类型，因此被广泛用于公共建筑中并成为公共建筑设计的核心与焦点。

总体上，高大空间公共建筑可以依据高大空间在整个建筑中占据的地位分为两类：一类是以高大空间作为主体，本身具有特定功能的公共建筑，如美术馆、科技馆、博览馆等会展建筑，影剧院、音乐厅等观演建筑，运动场馆、游泳馆等体育建筑，以及火车站、机场等交通建筑；另一类是将高大空间作为建筑的局部，功能往往并不明确的高大空间，如文化、办公、医疗、金融等建筑的门厅、休息厅、中庭等（表 1-1）。当然有些功能（比如展厅）既可能以建筑的局部出现，也可能成为建筑的主体。需要说明的是，对于后者，虽然高大空间的形式有助于建筑空间组织与空间品质提升，但需要注意适度，充分考虑必要性，避免一味追求"高大上"而忽略经济性，甚至造成资源浪费。因此，本导则探讨的是必要的高大空间设计，其中重点针对观演、会展、体育、交通建筑。

表 1-1　高大空间公共建筑的分类

功能类别		高大空间占据		有无特定功能	
		主体	局部	有	无
办公	门厅、中庭等		◆		◆
观演	门厅、服务厅、休息厅				◆
	剧场、音乐厅	◆		◆	
会展（美术馆、科技馆、博物馆）	门厅、公共大厅		◆	◆	
	展厅	◆	◆	◆	
	会议厅	◆		◆	
体育	体育馆、游泳馆	◆		◆	
交通	候车（机、船）室	◆		◆	
医疗	公共大厅、中庭等				◆
金融	营业厅、交易厅		◆	◆	

1.1.2　高大空间的空间形态特征

1.1.2.1　空间形态特征

高大空间在空间形态上具有大尺度、大进深等特征。当在整个建筑中占据主体地位时，高大空间常常以边界明确的"体"的形态出现，按照空间形体的生成规律又可以划分为"几何体式""仿生体式""数码建构式"。

"几何体式"是最基本的高大空间形态，一般基于常见的几何体如正多面体、圆柱体、圆锥体、球面体等塑造空间形态。这是高大空间最基本的形态构成方式，也是其他形态演变的基础。几何体便于人的空间感知，使空间边界显得清晰明确。在东西方的古典建筑中，几何体式有大量的案例，如我国的庙宇宫殿多为矩形或方形平面，西方的古罗马万神庙为圆形平面。随着建构技术的不断发展，几何体式在组合优化后形成了多样的空间形态，多应用于体育建筑及会展建筑中，如由贝聿铭设计的美国国家博物馆东馆（图 1-1）、法国卢浮宫玻璃金字塔等。

　　"仿生体式"是人们从自然中学习并模仿而设计出的空间，形式可分为象征意义仿生、功能仿生、动态仿生等。如英国伦敦的滑铁卢国际火车站和上海旗忠国际网球中心（图1-2）就是典型的仿生体式空间。

　　"数码建构式"则是指依靠现代数字科学技术通过计算机进行三维空间设计而获得的一种空间形体，既可以是理性逻辑构成，也可以是偶然与不确定性的产物，还可创造动态的多维的视觉效果，如广东科技中心设计方案、德国曼海姆联邦园艺展展馆（图1-3）。

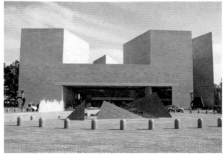

图1-1　美国国家博物馆东馆

图1-2　上海旗忠国际网球中心

图1-3　德国曼海姆联邦园艺展展馆

除了边界明确的、相对封闭的"体"式高大空间，模糊边界的、开放的高大空间也颇为常见。这类空间通常运用减法操作从一个完整的大空间内去除功能小空间留下的负形空间。因此这种空间通常是建筑中的局部，可以作为具有共享性质的大堂、中庭、边庭、腔体，具有空间连续性、延展性与渗透性，并有利于调节和改善建筑内部微气候环境。例如英国伦敦市政厅的中庭空间（图1-4）。

此外，由于高大空间具有大尺度的特征，高大空间的形态与材料结构选型既相互约束，又相互成就。从梁柱到拱、桁架、网架、壳体、悬索、膜，不同的结构体系不仅影响了结构断面尺度，还会塑造出全然不同的空间形态、气质与氛围（图1-5、图1-6）。因此高大空间的形态与结构具有统一性。

图1-4　英国伦敦市政厅[1]

图1-5　膜结构的国家游泳中心[2]

1.1.2.2 空间布局组织

在空间组织上，高大空间与其他小空间的关系包括并置、围合、包络等不同模式。并置模式意味着高大空间以独立形体存在，并通常有特定的功能需求，如游泳馆、会议厅等。围合模式是指小空间围绕大空间的布置方式，具有向心性，常见于中庭、大堂等。包络模式指的是用大的空间将相对小的空间包裹、覆盖而形成的空间模式，常见于功能复合的高铁站、空港航站楼等交通建筑和剧场、大型复合体育馆等文体建筑，如国家大剧院和富勒的蒙特利尔博览会美国馆（图1-7）。

在平面布局上，体育建筑通常综合考虑建筑规模、使用要求、结构经济和空间效果选择适宜的形式，常见的平面形式包括单面台、双面台、三面台和四面台。会展建筑则由展览和后勤管理的需要决定，依据展览空间与辅助空间的组合方式可分为两侧式、簇团式、环绕式和内廊式（图1-8）。观演建筑的平面分为单观众厅中心形式（图1-9）和多观众厅组合形式（图1-10）。单观众厅中心形式以观众厅空间作为核心，其他空间围绕其布置；多观众厅组合形式以多个观众厅在平面上展开，由其他空间将其有机组合。交通建筑的平面布局依据核心候车空间和辅助空间，分为全包围式、半包围式、单边式和大小相隔式四种形式（图1-11）。

在剖面关系上，体育建筑的剖面布局根据使用要求、空间的有效利用、视线和声学质量选择适当的形式，为了提高建筑的空间利用率，体育建筑充分利用看台下方空间，合理设置辅助空间。会展建筑的展览空间的高度高，辅助空间常集中布置，因此剖面布局分为辅助空间在展厅两侧、辅助空间在展厅中间、辅助空间在展厅单侧、辅助空间在展厅下部的形式（图1-12）。观演建筑的剖面

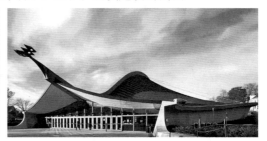

图1-6 悬索结构的耶鲁大学冰球馆

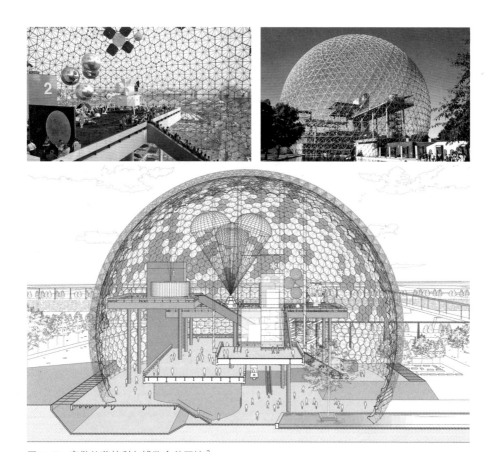

图 1-7　富勒的蒙特利尔博览会美国馆[3]

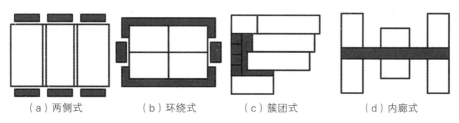

（a）两侧式　　　　（b）环绕式　　　　（c）簇团式　　　　（d）内廊式

图 1-8　会展建筑平面布局

图 1-9　单观众厅中心形式观演建筑平面布局

布局分为单观众厅中心形式和多观众厅组合形式。其中，单观众厅中心形式包括基础式和入口抬高式两种；多观众厅组合形式包括舞台空间相连、并列和立体组合三种形式（图 1–13）。立体组合的剖面布局巧妙整合舞台的不同高度、观众厅的不同高度，将观众厅布置在不同的楼层，提高土地利用效率。交通建筑的剖面布局主要为大空间在上侧、小空间在下侧的组合形式，可分为大空间多个并列独立式、多个并列连接式、一体式和内含式四种形式（图 1–14）。大空间在上侧可以不受小空间的约束，有利于整体结构的稳定性。

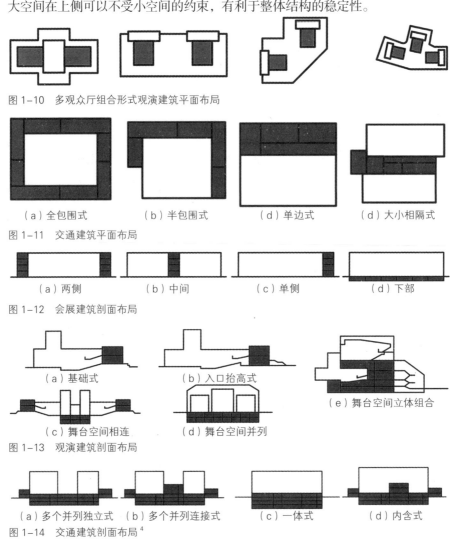

图 1–10　多观众厅组合形式观演建筑平面布局

（a）全包围式　　　（b）半包围式　　　（d）单边式　　　（d）大小相隔式

图 1–11　交通建筑平面布局

（a）两侧　　　（b）中间　　　（c）单侧　　　（d）下部

图 1–12　会展建筑剖面布局

（a）基础式　　　（b）入口抬高式　　　（e）舞台空间立体组合

（c）舞台空间相连　　　（d）舞台空间并列

图 1–13　观演建筑剖面布局

（a）多个并列独立式　（b）多个并列连接式　　　（c）一体式　　　（d）内含式

图 1–14　交通建筑剖面布局 [4]

1.1.3 高大空间的功能运行体制

正如 1.1.1 节所述高大空间可分为功能性的空间（如影剧院、音乐厅、大会堂、体育馆、展览馆、大型机场、车站、大型商场等）与非功能性的空间（如大型综合建筑的门庭、中庭等）。除了具有单一功能的高大空间外，部分高大空间也具有开放性与兼容性，呈现大空间套小空间的模式。如大型综合体、机场、车站、中庭等，复合型的功能组织可以使高大空间被更充分地利用。

高大空间的功能反映的是内部人员的活动特点和使用模式，直接决定了建筑的运营特点和时段，总体上高大空间具有集中人流、间歇使用的特性。具体来说，不同功能高大空间公共建筑根据人员活动特征可分为两种类型（表 1-2），即间歇性使用建筑和不间断使用建筑。

表 1-2 高大空间空间特征与功能运行机制

名称	南京国际展览中心	东南大学九龙湖校区体育馆	南京南站候车大厅
建筑面积（万 m²）	10.8	2.2	45.8
空间高度（m）	8.7（1F），11.6（2Fmin），33.8（2Fmax）	25	27，17
空间跨度（m）	75	76.8	24+72+24
空间体积（万 m³）	16.2（1F），58（2F）	7.96	107
空调启停策略	达到设定水温后停机，循环泵工作	大型赛事提前 3 h 开启至比赛结束	持续开放
空调开放频率	夏季 6 至 9 月，冬季 11 月至次年 2 月	一年开启合计约 30 d（大型比赛和活动）	—

（资料来源：课题组）

体育、展览和观演类建筑的使用方式属于间歇式，人流集中，运行时间根据比赛赛程、展览和演出安排进行调整，其他时间段不对外开放。这些建筑的主体功能空间往往在展览、演出或比赛等活动正式开始前开始准备，在活动结束后停止。例如，东南大学九龙湖校区体育馆（图 1-15）会在大型赛事前 3 h 开启空调等设备做好场地准备，而在比赛后将空调、灯光等设备关闭。南京国际展览中心（图 1-16）也同样按活动需求选择开启。除了主体功能空间外，这些建筑还有配套的辅助空间供日常使用。

铁路客运和航站楼等交通建筑基本是全年全时段使用，但在春运、节假日等特殊时段，会呈现班次较为集中的客流高峰期，即使在日常也存在着人员流动性与波动性。在空调使用上，则根据人流密度与地域性环境气候特征进行开启，如位于冬冷夏热地区的南京南站（图 1-17），空调一般会在制冷或采暖季 24 h 使用。

图 1-15　东南大学九龙湖校区体育馆[5]

图 1-16　南京国际展览中心[6]

图 1-17　南京南站及候车大厅[7]

1.1.4 高大空间气流组织模式

1.1.4.1 物理环境特征

由高大空间的定义可知，大于 5 m 的高度使建筑内部存在垂直方向上温度分布不均匀的物理环境。此外高大空间还具有建筑内部人员流动性大、形体变化多、出入口的开启频繁等特点，因此具有较为复杂的室内物理环境，对舒适度和空气质量都有较高的要求。

1.1.4.2 通风方式

适合高大空间的自然通风策略有风压通风、热压通风、混合通风等，其中风压通风和热压通风属于自然通风（图 1-18）。自然通风主要依赖被动式建筑设计，与建筑朝向和平面布局有关。高大空间公共建筑的大进深、内部不同的空间要素、空间要素之间的不同组合都会直接影响其自然通风效果。故需要遵循不同空间要素的通风特点并且合理组织，才能形成有利于建筑的整体通风。

（1）风压通风

高大空间公共建筑周围是开敞的广场和绿地，一般具有良好的场地风环境。根据风压通风的原理可知，增大正压区和负压区的压力差可以提高风压通风的效果。建筑的大体量加大了迎风面和背风面的面积，增加了压力差，有利于风压通风。但是大进深也造成了通风路径过长的不利因素。利用风压通风多体现在建筑形体设计上，通过形体、开口等因素的控制改变建筑表面压强大小，或设置风帽、风塔来增强自然通风。

（2）热压通风

热压通风通过空间竖直方向的温度差异，驱动热空气向上流

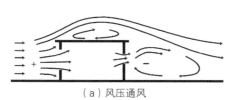

（a）风压通风

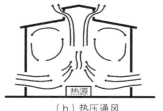

（b）热压通风

图 1-18　风压通风与热压通风示意图 [8]

动。利用热压进行通风时应注重提高中和面高度，避免热空气倒灌入其他使用空间。根据热压通风的原理可知，热压通风的通风效果与进出风口的高度差和温度差有关，差值越大，热压通风效果越好。高大空间的高度一般在 15 m 以上，进出风口的垂直距离大，有利于建筑内部的热压通风。在夏季，由于分层空调的作用，建筑上部的非空调区域因为垂直方向上的密度差向上流动，这种垂直方向上的气流烟囱效应，使得建筑物下部的室外空气渗入，上部室内空气外逸。

此外还可运用热质进行自然通风，这种热质通风的方式对室外环境、建筑材料等均有较高要求：当室外昼夜温差达到 6℃，使用大热质材料且夜间通风达到每小时 20 次以上时，可实现白天降温 3℃。

（3）混合通风

由于高大空间公共建筑对室内环境要求高，通风路径长，因此常采取机械通风配合热压通风的原理，有效组织室内气流，提高自然通风效果。混合通风结合了自然通风与机械通风的优点，有很大的低碳潜力。

1.1.4.3　气流组织

气流组织是利用不同的送风方式，使送入室内的气流能够均匀地分布到室内的各个区域，保证室内的温度、湿度以及送风速度能够满足人体舒适度的要求。高大空间内部包括四种气流组织形式：分层空调、置换通风、地板送风和碰撞射流（图 1-19）。

（1）分层空调

分层空调是以送风口作为分层面，将整个高大空间的建筑在垂

（a）分层空调　　　（b）置换通风　　　（c）地板送风　　　（d）碰撞射流

图 1-19　气流组织示意图[9]

直方向上分为两个区域，分层面以下的空间是控制区，分层面以上的空间为非控制区。分层空调属于非等温射流，射流与周围介质的密度不同，浮力与重力不平衡，因此射流会发生向上或向下的弯曲。

（2）置换通风

置换通风属于下送风的一种，通常是送风口布置在房间的底部，新风以较低的风速被送入房间内部，先均匀地分布在房间的底部，然后以类似层流的活塞流缓慢地向上流动，将室内原来的空气从排风口处挤压出去。置换通风可以提供较高的热舒适性和空气品质，并具有较高的通风效率。

（3）地板送风

地板送风是将经过处理的空气由地板下的静压箱和送风散流器由下至上送入房间，与室内空气混合，在消除余湿和余热之后从房间的顶部排风口排出。

（4）碰撞射流

碰撞射流是通过喷口将具有较高动量的空气，在距离地面一定距离处向下送到地面，气流碰撞到地面时动量急剧衰减并向四周扩散，但仍然具有足够的动量到达较远的地方来改善室内空气质量。相比置换通风，碰撞射流弥补了有些地方气流无法到达的缺点。

为了满足不同区域的需求，达到经济节能的运行目的，在高大空间公共建筑内部，宜采用多种气流组织形式相结合的方式，以减少能耗。在建筑内部，空调系统的主要服务对象是人员活动聚集的场所。气流组织的设计需要以此作为衡量标准，按照建筑物的使用要求，准确预测室内的空气分布情况，制订出合理的气流组织方案。合理的气流组织要综合分析并模拟计算温度场、相对湿度场、人体舒适度、室内空气质量以及建筑的能耗情况。

对各具体建筑类型而言，观演建筑需要送风气流分布均匀，在观众区形成符合要求的速度场和温度场。体育建筑需要满足比赛场地各项赛事的要求。交通建筑的空气调节目的是使旅客和工作人员拥有良好的使用环境，确保空调送风能够到达人员活动的区域，其中设计主要关注站内人员的活动区域，即"工作区"，指的是距离地面 2 m 以下的高度。展览建筑的人员密度高，流动性强，内部的舒适性空调，只要求人们的活动范围具有良好的舒适度，即距离地面 1.5~2 m 左右的高度。

1.1.5 高大空间的指标要求

由于高大空间公共建筑涉及的功能种类较多，不同功能对应的具体设计标准与规范要求会有所不同，在设计时需要依据具体情况进行分析，不能一概而论。但与此同时，由于高大空间本身具有一定的特殊性，因此这些指标要求间也存在一定程度的共性。以室内照明设计为例（表 1–3），除了图书馆、办公、医疗等特定建筑的服务厅外，大部分建筑功能的门厅、公共大厅、站厅等都是以地面为采光设计的参考平面，并大多以 200 lx 为照度标准值，统一眩光值取 22，显色指数取 80。当然，这种共性对于设计实践而言意义有限，有时即使是同一类功能，不同级别要求也会不同，比如同样是交通建筑候车（机、船）室，普通与高档的照度标准值与照度均匀度就会有所不同。体育建筑更是依据体育项目、是否转播、比赛级别对照明设计参数有不同的划分。此外，除功能外，不同绿色建筑标准的不同星级要求不同，因此需要依据设计实践的目标进行具体分析，这里便不再一一赘述。

表 1–3 高大空间的不同功能房间照明设计参数要求 [10]

建筑类别	房间类别	参考平面及其高度	照度标准值（lx）	统一眩光值 UGR	照度均匀度 U_0	一般显色指数 Ra
图书馆	陈列室、目录厅（室）、出纳厅	0.75 m 水平面	300	19	0.6	80
办公	服务大厅	0.75 m 水平面	300	22	0.4	80
观演	门厅	地面	200	22	0.4	80
	观众休息厅（影院）	地面	150	22	0.4	80
	观众休息厅（剧场、音乐厅）	地面	200	22	0.4	80
旅馆	大堂	地面	200	—	0.4	80
医疗	候诊室、挂号厅	0.75 m 水平面	200	22	0.4	80
美术馆	公共大厅	地面	200	22	0.4	80

续表

建筑类别	房间类别	参考平面及其高度	照度标准值(lx)	统一眩光值 UGR	照度均匀度 U_0	一般显色指数 Ra
科技馆	公共大厅	地面	200	22	0.4	80
	常设展厅	地面	200	22	0.6	80
博物馆	门厅	地面	200	22	0.4	80
	展厅（序厅）	地面	100	22	0.4	80
会展	多功能厅	0.75 m 水平面	300	22	0.6	80
	公共大厅	地面	200	22	0.4	80
	一般展厅	地面	200	22	0.6	80
交通	候车（机、船）室（普通）	地面	150	22	0.4	80
	候车（机、船）室（高档）	地面	200	22	0.6	80
	中央大厅、售票大厅	地面	200	22	0.6	80
	地铁进出站门厅（普通）	地面	150	25	0.6	80
	地铁进出站门厅（高档）	地面	200	22	0.6	80
金融	营业大厅	地面	200	22	0.6	80
	交易大厅	地面	300	22	0.6	80

注释

1. 资料来源：程露.大伦敦政府市政厅大楼，伦敦，英国 [J]. 世界建筑，2002（6）：30–33.
2. 资料来源：国家游泳中心（水立方），北京，中国 [J]. 世界建筑，2017（5）：106–107.
3. 资料来源：Lewis P，Tsurumaki M，Lewid D J. Manual of section[M].New York：Princeton Architectural Press，2016.
4. 图 1–8 至图 1–14 资料来源：李传成.大空间建筑通风节能策略 [M]. 北京：中国建筑工业出版社，2011.（作者改绘）
5. 资料来源：http://www.njncg.cn/view.php?id=526
6. 资料来源：http://js.xhby.net/system/2018/08/30/030870047.shtml
7. 资料来源：吴晨.历史传承　金陵新辉：南京南站主站房建筑设计 [J]. 建筑学报，2012（2）：48–49.
8. 资料来源：陈晓扬.建筑设计与自然通风 [M]. 北京：中国电力出版社，2012.（作者改绘）
9. 资料来源：李琳，杨洪海.高大空间四种气流组织的比较 [J]. 建筑热能通风空调，2012，31（3）：60–62.
10. 该表格依据《建筑采光设计标准》（GB 50033—2013）中的除体育建筑外各功能的公共建筑照明设计参数要求，挑选有可能以高大空间形式出现的建筑与房间功能类别，整理合成，并不代表所有功能房间一定以高大空间形式出现。体育建筑分类较多，这里未一并呈现。

1.2 高大空间公共建筑绿色设计策略

1.2.1 绿色建筑设计原则

根据《绿色建筑评价标准》（GB/T 50378—2019）可知，绿色建筑应当遵循因地制宜的原则，针对建筑所在地区的环境气候特征和经济文化特点，实现建筑全生命周期的安全耐久、健康舒适、生活便利、资源节约和环境宜居的绿色设计原则。在安全耐久方面，由于高大空间公共建筑根据建筑功能空间的需求多选用大跨钢结构，因此要求保证建筑结构的承载力，满足建筑能够长期使用的要求，优化高大空间公共建筑全生命周期的经济表现，降低建筑的运营费用。在健康舒适方面，不仅要满足高大空间公共建筑具有有机的场地环境和有效的使用功能，也要提高室内空气品质、水质，改善室内声环境、光环境和热湿环境。在生活便利方面，基于公共建筑的特征，需要充分考虑出行与无障碍措施，提供便利的公共服务设施、具有智能化的服务系统和良好的物业管理。高大空间公共建筑一般都有开阔的室外场地，用于消防疏散和人员活动，并提供良好的室内热舒适环境。在资源节约方面，主要包括节地与土地利用、节能与能源利用、节水与水资源利用和节材与绿色建材利用。高大空间公共建筑的体量大，整体建筑的能耗高，其资源节约要求在保持生态系统的完整性和多样性的基础上，提高环境的承载力，节约资源和营造宜居的环境。在环境宜居方面，高大空间公共建筑的实体体量与宽广的室外空间，容易破坏城市整体的空间形态，因此应当充分保护或修复场地内的生态环境，合理布局建筑与景观，改善室外物理环境。

根据生态建筑设计理论可知，高大空间公共建筑作为地区标志性的建筑，其绿色设计强调本土文化与环境的地域性原则。本土文化是指当地的历史文脉与地域性建筑，环境是指当地的地形地貌与自然气候条件。地域性建筑设计以当地的自然地理与气候特征作为设计的出发点，使整个建筑系统与自然气候和谐统一，满足人们生产生活的舒适度需求的同时，也最大限度地降低能耗，减少建筑对自然环境的影响。

根据被动式设计理论可知，高大空间公共建筑的绿色设计应当顺应自然界的风力、阳光和气温的自然原理，尽量不消耗常规能源[1]，通过规划与景观设计、建筑空间设计和建筑界面设计等方式达到舒适节能要求。被动式设计的应对措施主要包括确定合理的建筑朝向，提高围护结构和内隔墙的保温性能，有效利用自然通风和自然采光。在城市主导风向下，建筑朝向会影响室内的自然通风效果，不同朝向接收到的太阳辐射强度也不同，从而影响室内空调的能耗。外墙的保温作用主要针对的是冬季的采暖能耗，外墙的保温性能越好，建筑全年的空调能耗就越低。高大空间公共建筑根据功能运行机制分为间歇性使用的建筑和不间断使用的建筑。间歇性使用的建筑内部会存在邻室温差较大的情况，因此需要提升内隔墙的保温性能，降低能耗。良好的自然通风可以增加非采暖空调的时间，降低采暖空调的能耗。良好的自然采光可以改善室内环境，同时减少照明设备的使用时间，降低照明能耗。

1.2.2　基于地域特征的绿色设计策略

1.2.2.1　南方地区的环境气候特征

我国的南方地区按照气候类型主要分为夏热冬冷地区，如江苏南部、上海、浙江、安徽、湖北等，以及夏热冬暖地区，如广东、福建、江西等。

夏热冬冷地区的气候控制策略是冬季采暖和夏季降温设计相结合。这些地区的气温日较差为10℃左右，没有北方地区大，但围护结构仍有一定的保温隔热要求。该地区夏季炎热与冬季寒冷对人体产生的不舒适程度基本一致，因此需要综合考虑夏季制冷和冬季供热需求。该地区太阳辐射较为丰富，因此夏季需要设计必要的遮阳措施降低太阳辐射热，冬季可调节遮阳措施使充足的辐射热进入室内降低热负荷。此外该地区雨水丰沛，气候湿润，尤其在夏季容易滋生霉菌，因此有除湿需求。该地区还属于季风气候区，春秋以及夏季具备良好的风环境资源，可以从建筑朝向和规划布局角度为过渡季和夏季利用自然通风提供条件。

在夏热冬暖地区，气候控制的设计策略是冬季不需要传统采暖，仅靠太阳能采暖即可满足防寒要求。而夏季自然通风和传统空调所占比例大，夏季需要降温的时间占全年的 40% 以上，并且夏季需要依靠传统空调进行降温，因此，在建筑设计中主要考虑的是夏季的降温设计。该区域的昼夜温差小，气候湿热，围护结构的隔热蓄热效果不明显，需要重点考虑隔绝太阳辐射，促进自然通风。

1.2.2.2　基于地域性气候特征的设计策略

（1）平衡自然采光与太阳辐射

在南方地区，自然采光与太阳辐射具有矛盾性的影响效果。

一方面，自然采光在公共建筑设计中不可或缺，更多的自然采光有助于营造良好的室内氛围，实现破除界面、虚化界面、削弱尺度感的作用，增强景观性，且可以减少人工照明所需的能耗。另一方面，自然采光的引入也会增加太阳辐射热，导致室内温度上升，使夏季室内热舒适性变差，相应的空调制冷能耗便会增加，因此又需要减少夏季的太阳辐射热。

考虑到自然采光与热辐射造成的影响具有矛盾性，光热平衡调控设计的概念应运而生，即寻求用建筑设计的手段达到自然采光与热辐射影响的平衡。具体来说，可以理解为运用建筑设计的手段实现更多的自然采光与更少的夏季得热，亦可理解为运用建筑设计的手段在满足室内舒适的前提下，寻求更多的自然采光代替人工光源与更少的空调等能耗需求。具体手段包括控制采光朝向，增加可调节遮阳和建筑形体自遮阳设计（图 1-20）等。

（2）充分利用自然通风

自然通风是利用建筑物内外空气的密度差引起的热压或室外大气运动引起的风压来引进室外新鲜空气达到通风换气作用的一种通风方式（图1-21、图1-22）。它不消耗机械动力，同时，在适宜的条件下又能获得巨大的通风换气量，是一种经济的通风方式。

（a）英国伦敦市政厅　　　　　　（b）浙江钱江绿色建筑科技馆

图1-20　形体自遮阳

▤横向腔体　■竖向腔体　■温度梯度

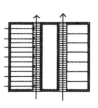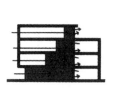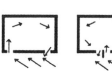

（a）横向腔体　　（b）横向结合　　（c）腔体截面渐收　　　（d）单侧风压通风
（传统合院式民居）　竖向腔体　　（济南交通学院图书馆）　（Menara Umno商厦）

图1-21　诱导风压通风

▤横向腔体　■竖向腔体　■温度梯度

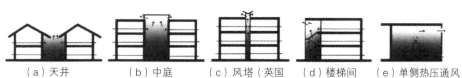

（a）天井　　　　（b）中庭　　　　（c）风塔（英国　　（d）楼梯间　　（e）单侧热压通风
（传统合院式民居）（英国IONICA办公楼）考文垂大学图书馆）（英国内陆税收总部）（德国Thompson总部）

图1-22　诱导热压通风[2]

自然通风主要分为风压通风与热压通风两种方式。风压通风就是利用建筑的迎风面和背风面之间的压力差实现空气的流通。影响风压通风的气候因素包括空气温度、相对湿度、空气流速。影响风压通风效果的因素有建筑物进出风口的面积、开口位置及方向和开口的夹角。热压通风是利用室内外空气温差所导致的空气密度和进出风口的高度差来实现通风。如果室内温度高于室外，建筑物的上部将会有较高的压力，而下部存在较低的压力。当这些位置处于孔口时，空气通过较低的开口进入，从上部流出（图1-23）。如果室内温度低于室外温度，气流方向相反。

南方地区节能设计应充分利用自然通风，在具体手段上包括：①根据夏季与冬季主导风向调整建筑朝向与迎风面角度，使建筑朝向顺应夏季的主导风向，避开冬季的主导风向。②调整建筑形态促进自然通风，如设计外廊以提供舒适的户外活动空间，置入立体庭院与天井以促进热压通风。由于风速随着地面的高度增加

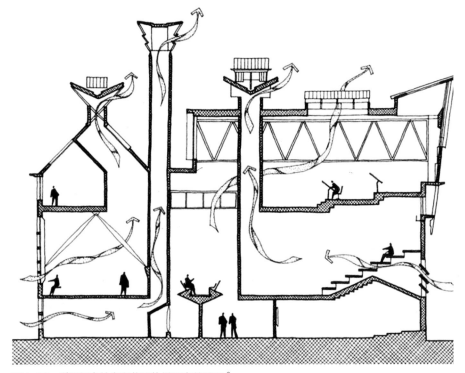

图1-23 利用烟囱效应调整形体增强自然通风[3]

而增大，可以将主要的活动空间设置在高处。③调整开口设置（门窗洞口等）促进自然通风，如在建筑的正压区与负压区同时设置开口，引导穿堂风，而高低开口则可以创造热压通风。

（3）结合热质量效应与夜间通风

热质量效应即运用集热蓄热材料，以自然热交换方式集取、保持、储存、分布太阳热能，对温度进行调节。热质量效应不仅有助于解决夏热冬冷地区冬季的采暖问题，减少采暖能耗，还可和夜间通风结合，缓解太阳辐射的影响。研究证明，构造合理的蓄热体（如加大墙体厚度、设置墙体合理的热系数以及在吊顶加设水泥梁增大蓄热体体积）辅以夜间通风的控制策略可以有效降低夏季冷负荷。在夏季白天吸收储存太阳热能，缓和室内温度的上升；在夜间释放热能与室外形成温度差，产生自然通风将热量散出。

（4）利用蒸发冷却降温

水蒸发吸热，具有冷却功能。充分利用这一原理，如设置水景、植物墙体、水帘墙体（图 1-24）等，可以有助于改善南方地区夏季室内热舒适环境。水帘是一种特种纸制蜂窝结构材料，其工作原理是"水蒸发吸收热量"这一自然的物理现象。即水在重力的作用下从上往下流，在水帘波纹状的纤维表面形成水膜，当快速流动的空气穿过水帘时，水膜中的水会吸收空气中的热量后蒸发

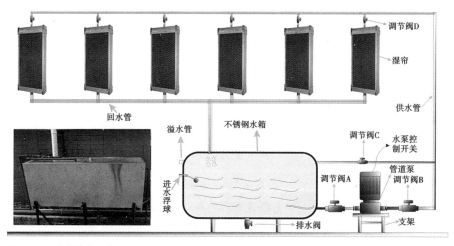

图 1-24 水帘墙体工作原理

带走大量的热,使经过水帘的空气温度降低,从而达到降温的目的。

（5）实现太阳能与建筑一体化

太阳能是一种可持续的清洁能源。南方地区具有相对充沛的太阳能资源,可充分利用主动式太阳能技术进行光热、光电转换,有助于缓解公共建筑对电力、采暖等方面的能耗需求。

在进行公共建筑的太阳能设计时,应实现太阳能与建筑一体化设计（图1-25）,即将太阳能利用设施与建筑有机结合。如利用太阳能集热器替代屋顶覆盖层或替代屋顶保温层,既消除了太阳能利用设施对建筑物形象的影响,又避免重复投资,降低成本。高大空间公共建筑由于表面积大,因此有更多利用太阳能的余地。

1.2.3　基于高大空间特征的设计策略

1.2.3.1　空间调节

合理的形式有助于能量的组织,房屋的物质构成是其获取和输送能量的形式表达。因此,相对于"空气调节"的暖通设备手段,"空间调节"是以倡导建筑师主导的被动式"需求侧节能"为主,辅以主动式"供给侧节能"的设计策略。空间调节是在建筑设计过程中通过有效的空间组织、合理的形体和构造设计,以空间本身的形态和组织状态来实现对室内外环境的性能化调节。它全方位地体现在建筑设计的各个环节中。

对高大空间建筑而言,在设计时将人员停留区域控制在小空间范围内,大空间部分特别是超出人员活动范围的空间按照过渡

图1-25　太阳能与建筑一体化（光伏板与不同遮阳形式的结合）

空间设计，即"小空间保证、大空间过渡"。这部分过渡空间由于其较少或没有人员停留，可适当降低温度标准，以达到降低供暖空调用能的目的。如只要求地面附近人员活动区（高度小于 2 m）的温湿度环境，而并不要求高空部分的热湿环境。

1.2.3.2 空间适变性

高大空间从功能性与适用性上而言，应具有足够的弹性与适变性。弹性越强，所能兼容的功能也就越多，功能的兼容性特征为建筑功能的多样性和历时性提供条件。高大空间设计中要考虑合理整合各构成要素，配备相应的活动设施。对内部构成要素需进行合理的优化组合，避免固定的空间分割，应提供灵活可变的布局条件以满足不同功能活动的需要。

1.2.3.3 竖向分层与动态调控

当空间高度大于 5 m，体积大于 1 万 m³ 时，随着高度和体积的增加，空间内热分层现象逐渐明显，竖向有明显的热流分层，热源上方存在热羽流。基于高大空间竖向分层的特点，应避免将高大空间视作热均质体，而应根据其气流模式和热压机制，寻求独特的环境调控方式，如混合调控与动态调控等。

注释

1. 杨柳. 建筑气候学 [M]. 北京：中国建筑工业出版社，2010.
2. 资料来源：陈晓扬，仲德崑. 被动节能自然通风策略 [J]. 建筑学报，2011（9）：34–37.（作者改绘）
3. 资料来源：Brown G Z. Sun，wind and light：architectural design strategies[M]. New York：John Wiley & Sons，2000.

2 高大空间公共建筑绿色设计导则

2.1 规划与景观设计导则

规划与景观设计是高大空间公共建筑设计的第一步。建筑师应该以环境的整体性为前提，寻求高大空间与城市环境的协调统一。建筑的场地周边环境影响着建筑的设计构思和空间运营，承担着建筑在使用过程中产生的物理效应和生态环境效应，它与高大空间公共建筑共同组成了一个有机的整体。整体性的设计需要充分尊重场地的自然环境特征，将建筑的形式、布局和技术对基地的影响降至最低，尽量减少建筑的能耗，同时满足人体舒适度的要求[1]。

2.1.1 选址

2.1.1.1 生态适宜性
建设项目应对场地内可利用的资源进行勘察，选择可以充分利用原有地形地貌进行建筑设计、生态景观布局的场地。合理的选址可以尽量减少开发建设过程中对场地和周边环境生态系统，如原有植被、水体、山体、地表行洪泄洪通道、滞蓄洪坑塘洼地等的改变。在建设过程中如果确实需要改造场地内部的地形、地貌、水体、植被，应当在工程结束之后，及时采取生态复原措施，减少对原有场地环境的改变和破坏。场地内外应当保持生态系统的衔接性，形成连续的生态系统更加有利于生态建设和保护。

以深圳福田站为例,它是一座穿过城市中心的全地下火车站,采用叠合式的立体布局,将路线与整个车站深埋在地下,是车站非地面化理念下的一种突破。车站依据城市的总体规划,与所在区域的控制性详细规划相协调,使车站与周围城市环境形成一个有机的整体。设计中充分考虑该地区的水文地质条件、地下管线要求、地面建筑的拆迁与改造的可能性、地下构筑物之间的关系,尽量减少施工对城市交通与市民出行的影响。

2.1.1.2　交通便捷性

在高大空间公共建筑的选址和场地规划中,还应当重视建筑场地与公共交通站点之间的联系,合理设置出入口。例如,场地出入口到达公共交通站点的步行距离不超过 300 m,或到达轨道交通站的步行距离不超过 500 m。在充分利用已有公共设施资源特别是公共交通站点的同时,还应减少新建高大空间公共建筑对周边可能造成的额外交通压力,甚至通过重新整合周边交通缓解城市交通拥堵的问题,节约能源。

以广州白云国际机场二号航站楼陆侧交通一体化为例,它实现城轨、地铁、大巴、出租车等各种交通方式无缝连接,平层解决主要交通换乘,缩短了换乘的步行距离。

2.1.2　土地使用

2.1.2.1　高效复合的集约开发

高效复合的集约开发是通过集约规划利用土地,以提高土地综合利用效率。这种集约开发,往往通过立体布局的方式实现,并体现在容积率、绿化率等指标上(表 2-1)。

在交通建筑中,枢纽化的布局有利于实现土地资源的集约化使用。武汉火车站(图 2-1)在设计中将 10 座铁路双线桥形式的铁路站场完全架空于车站用地,而火车站铁路站台、候车厅、换乘广场和地铁车站则自下而上,以立体叠合的方式布局在全架空的站场内部，极大地提高了土地利用效率[2]。桥下空间也被充分利用，设置售票厅、进出站广场、地铁出入口等其他交通服务设施。京沪高铁虹桥站（图2-2）在满足基本运输功能的基础上，尽量提高土地资源的使用效率。设计中充分利用地面与竖向空间资源，将铁路高速场和综合场咽喉区合并，打破了传统设计思路，避免夹心地块，实现了节约城市用地的目的[3]。上海虹桥站建筑设计在满足铁道部基本运输功能的前提下，尽可能提高土地资源综合利用效率，方案合理地利用了地面与竖向空间资源，打破铁路传统，采取将铁路高速场、综合场咽喉区合并的措施，避免夹心地，节约了大量的城市用地。

在观演建筑中，将多种功能竖向组织，巧妙地整合了舞台与观众厅的不同高度，有利于集约化利用土地。位于日本茨城县日立市的日立文化中心（图2-3）与城市广场毗邻，其设计旨在振兴日立火车站周边的街区，让城市充满活力与创造力。日立文化中心作为文化综合体包含音乐厅、多功能厅、剧院、科技博物馆和图书馆等功能，这些功能被竖向组织在文化中心内部，提高了土地的使用效率。类似的，东京艺术剧场（图2-4）也采用多功能竖向组织实现集约利用。深圳国际会展中心展馆总占地面积约为148万 m^2，室内展览总面积约50万 m^2。项目一期总占地面积约121.4万 m^2，一期总建筑面积达160万 m^2，室内展览面积约40万 m^2。在项目整体的城市设计中，集约利用土地，会展范围用地容积率达0.84，会展东侧的休闲带，承载了会展的公共交通功能以及绿色生态的特色商业配套。

表2-1 基于高效复合的案例

	东京艺术剧场	日立文化中心	武汉火车站	上海高铁虹桥站
地点	日本东京	日本茨城县日立市	中国武汉	中国上海
竣工时间	1990 年	1990 年	2009 年	—
建筑面积（万 m^2）	8.7	0.5	33.2	13.6
高大空间（相同比例）	剧场高大空间	剧场高大空间	候车高大空间	候车高大空间

2.1.2.2　充分利用地形

　　充分利用地形，顺应地势，能减少土石方量，节约土地与造价。如在有坡度的建筑场地，利用地形条件处理建筑物地坪标高。

　　利用场地高差合理改造坡地（表2-2），以自然形成的竖向分层实现立体分流。例如，泉州火车站坐落于距市区6 km的丰州镇，背靠自然风景区清源山，建筑长度近300 m，高度约24 m，内部空间以高大的候车大厅为主，层数为1~2层。站型为线侧下式，该选择源于场地竖向标高特点，下进下出的旅客流线模式最大限度地缩短了旅客进出站距离。设计中充分利用13.9 m的地形高差，进出站流线在竖向上分层设置，做到立体交叉式分流，互不干扰。又如，重庆江北机场T3A航站楼（图2-5）建设用地位于江北机场东航站区2、3号跑道之间，原始地形西北高、东南低，规划西侧站坪比东侧站坪高4 m，是典型的山地丘陵地貌。为减少土方开挖量，合理改造地形，航站楼顺应地形变化，将东西两侧的

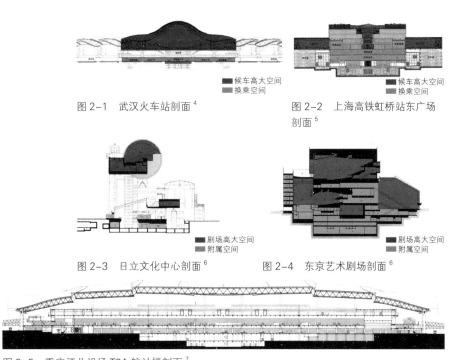

图2-1　武汉火车站剖面[4]

图2-2　上海高铁虹桥站东广场剖面[5]

图2-3　日立文化中心剖面[6]

图2-4　东京艺术剧场剖面[6]

图2-5　重庆江北机场T3A航站楼剖面[7]

首层标高分别确定为 –1.300 m 和 +1.500 m，高差为 2.8 m。这一措施节约了数亿元的土方造价，体现了山地建筑典型的处理手法，表述了适应环境、呼应环境的绿色设计理念。

此外，还可以将坡地改造成多个台地，形成不同标高的空间蹉跌，从而在节约土方量的同时，有助于功能组织和空间体验。例如临安市体育文化会展中心（图 2-6）设计采取层叠整合式的做法，以紧凑地安排场馆。场地南北有 12 m、东西有 5 m 的高差，设计将地块分成 3 个高差均为 5 m 的台地。顺应地势平整场地能够最大限度地减少土方工程量，5 m 高差的台地也使得下层建筑的屋面与上层的室外场地无缝平接，每一层的屋顶平台都可以从周边的道路上平层进入。多个标高的场地入口设计，使得体育场馆与商业综合体内的流线可以通过不同标高分流组织，避免无序交叉。

表 2-2　合理改造坡地的案例

	泉州火车站	临安市体育文化会展中心	重庆江北机场 T3A 航站楼
地点	中国泉州	中国临安	中国重庆
设计及竣工时间	设计：2007—2009 年；竣工：2010 年	设计：2010—2012 年；竣工：2015 年	设计：2009—2014 年；竣工：2017 年
建筑面积（万 m²）	2.9	7.5	53.7
结构	大跨度钢桁架体系	钢筋混凝土框架结构，局部钢结构	钢筋混凝土框架 + 大跨度钢网架混合结构

2.1.2.3　合理利用地下空间

将部分（甚至全部）的功能空间置于地下，有利于提高城市空间容量和环境质量，可为地面预留更多的公共活动空间，合理利用地下空间是城市节约用地的重要措施（表 2-3）。例如在交通建筑中，由于火车站的铁路线占地面积大，将其置于地下有利于节约城市用地。深圳福田站作为国内的一座全地下火车站，采取叠合式的立体布局，将车站与路线都埋在地面之下，实现了车

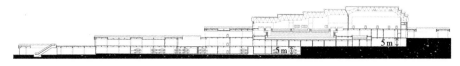

图 2-6　临安市体育文化会展中心剖面[8]

表 2-3　合理利用地下空间的案例

	斯图加特火车总站	柏林奥林匹克室内赛车场和游泳馆
地点	德国斯图加特	德国柏林
建造时间	2007—2013 年	1992—1998 年
地下空间	车站地下空间	体育馆地下空间

站非地面化的突破。车站在城市的总体规划和区域的控制性详细规划要求下，与周边的城市环境形成一个有机整体[9]。德国的斯图加特火车总站（图 2-7）为了恢复地面之上的土地使用，将火车站埋入地下，创造出一个让建筑与城市景观紧密结合的公共区域。设计把铁路层设置在街道层的 12 m 之下，节约的大量城市土地被用于公园街道，进而重塑城市活力[10]。

　　充分利用地下空间还有助于削减高大空间的大尺度对周边环境的影响。由于土壤具有良好的热工性能，受气温变化与太阳辐射影响较小，因此充分利用地下空间有助于营造高舒适度的生态建筑空间，并节约能源。例如，柏林奥林匹克室内赛车场和游泳馆（图 2-8）整体下沉 17 m，高出地面 1 m，除了比赛厅的顶部覆盖的是金属屋面板，其余均为覆土种植屋面。设计不仅消减了高大空间公共建筑的巨大体量，为市民构筑了大尺度的绿色开放空间，还充分利用土壤的良好热工性能，节约了能源。

图 2-7　斯图加特火车总站横剖面[11]

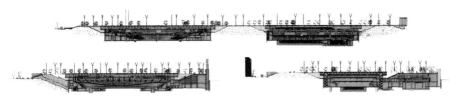

图 2-8　柏林奥林匹克室内赛车场和游泳馆剖面[12]

需要说明的是，开发利用地下空间应当注重与地面建筑和其他城市空间的紧密联系，进行整体规划。并且考虑到雨水渗透、地下水补给和减少径流外排等生态环境保护需求，地下空间的利用应当科学、合理、有度。

2.1.3 规划布局

2.1.3.1 与城市空间肌理相协调

高大空间意味着巨大的体量和宽广的室外场地空间，因此如何使建筑布局、形式等与场地周围环境、历史文脉和城市空间肌理相协调是规划布局乃至建筑设计的考量因素之一。为了最终可以实现高大空间公共建筑对环境的友好介入，需要进行合理的规划布局，考虑人的尺度的负形空间，从更大的城市尺度上确认场地组织，并采用"柔性"的绿化景观进行边界柔化处理。

在具有深厚文化底蕴的城市，与街区肌理融合的建筑规划布局应当注重研究传统街巷院落体系的基本构成方式，促进社会人文的繁荣（表2-4）。例如，位于江苏泰州的中国（泰州）科学发展观展示中心（图2-9），中部的展示馆主体建筑融合了江南传统建筑的特点，形成了富有韵律感的平面布局，并配合五巷街区主巷道走向而精调节奏，实现疏密对位，使新建筑融入街区肌理中。中央水院把建筑分为南北两部分，北面是小

表2-4　与城市肌理相协调的案例整理

	中国（泰州）科学发展观展示中心	武汉琴台音乐厅	克帕斯克里斯蒂会展中心
地点	中国泰州	中国武汉	美国克帕斯克里斯蒂
设计及竣工时间	设计：2009—2010年；竣工：2012年	设计：2006年；竣工：2009年	竣工：2004年
建筑面积（万 m²）	1.8	3.7	12.6

体量建筑，衔接传统街区的肌理，南面建筑体量较大，应对的是现代城市尺度。苏州火车站站房位于老城北边，隔护城河与姑苏城相望。为使交通枢纽庞大的空间体量与苏州细腻、幽雅的小尺度氛围相协调，设计通过功能用房围合的大大小小的庭院、半室外的下沉广场、环绕的候车敞廊，使这个庞大的现代化车站能够与古城对话，成为城市的有机组成部分。博鳌火车站按照功能分成了三个独立的建筑体块，中间的体块设置为出站厅、候车室、售票厅；北侧体块设置为贵宾候车室、公安驻站点；南侧体块设置为变电所、信号和通信等用房。各个建筑体块以庭院相连，弱化了交通建筑巨大的体量，与当地的自然环境相适应。

此外，现代化城市的高大空间公共建筑通常拥有良好的区位优势，在遵循城市整体规划布局的基础上，与周边公共建筑紧密结合，从而促进城市的经济发展。克帕斯克里斯蒂会展中心位于克帕斯克里斯蒂滨海岸，与体育场紧密相连，设计旨在打造独具特色的滨海建筑和风景宜人的步行街区，充分利用会展中心沿海的地理位置优势，为城市的经济发展带来新的机遇。

2.1.3.2 与地区气候特征相适应

被动式设计要求顺应自然界的阳光、风力和气温，减少常规能源的消耗。因此，合理的规划布局应当顺应南方地区的气候特征，与地域环境相契合。高大空间公共建筑一般体量巨大，对周

（a）从传统街区到现代城市的过渡　　　　　　　（b）效果图

图2-9　中国（泰州）科学发展观展示中心[13]

边的微环境质量和舒适度影响显著。设计需要把建筑与环境的综合质量作为目标，模拟分析建成区域的风、光、热等物理环境，确定合理的场地布局，实现建筑与环境的协调统一。

针对南方地区的太阳辐射和日照情况，建筑朝向不应当采取东西朝向，宜采用南偏东 30° 至南偏西 15°。综合考虑静风频率、局地风环境影响，建筑朝向宜迎向全年主导风向，避免主导风向空气污染。同时建筑布局应有利于自然通风，使建筑主立面尽量迎向夏季主导风向，避开冬季主导风向。可通过各地区气候条件计算建筑适宜的风方位角，调整建筑朝向与布局。

通过合理的规划布局可使室内微气候与所在地域环境契合，保证主要功能空间具有良好的自然通风潜力，实现过渡季节无须使用空调、降低能耗、提高舒适度的目的。对交通建筑而言应避免将等候、办票等空间置于主导风向的风影区。例如博鳌火车站站房总长度为 194.5 m，根据当地的气候条件，设计采用将火车站分为三个独立的体块、体块之间用庭院连接、利用自然通风的策略减少运营成本[14]。

会展建筑也是如此。宿迁市会展中心（图 2–10）展览空间和洽谈会议空间尽量放置在热舒适度较高的南向区域，交通空间布置在热舒适度较低的北向区域，辅助和仓储空间布置在热舒适度最低的东西向区域。深圳国际会展中心（图 2–11）鱼骨式布局高效便捷，中央廊道串联起南区 16 个 2 万 m^2 的标准展厅、北区的 2 个多功能展厅和 1 个 5 万 m^2 的超大展厅。深圳国际会展中心将 1、2、9 号面积较大的展馆设置在南向，面积较小的 3、4、5、6、7、8 号展馆布置在北向，

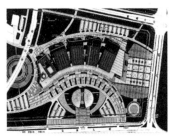

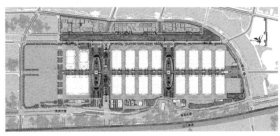

图 2–10　宿迁市会展中心总平面[15]　　图 2–11　深圳国际会展中心首层总平面[16]

公共空间设置在北向和展馆之间的长廊中，会议中心设置在 45 m 标高层的建筑顶层，其设置有利于各种空间的自然采光和通风。

2.1.3.3 场地交通组织人车分流

高大空间公共建筑一般都配有开阔的室外场地，场地内部人车分流的设计可以保证使用者的生命安全。人车分流将行人和机动车完全分离开，互不干扰，可避免人车争路的情况，充分保障行人尤其是老人和儿童的安全。提供完善的人行道路网络可鼓励公众步行，也是建立以行人为本的城市的先决条件。

高大空间公共建筑特别是体育、观演建筑，具有间歇使用、人员容易集中的特点，因此必须要满足集散和观演人流的需求，在建筑与城市之间建立缓冲地带和缓冲空间。总平面布置须妥善处理好人流、车流集散问题，合理布置停车场的位置，确保停车场的面积，充分利用城市公共交通车辆，与城市干道紧密相连，尽量使城市交通与观众疏散人流、车流互不干扰。江门市体育馆会展中心（图 2-12）的总体平面呈 L 形，与北区东北侧成倒 L 形布局的保利国际广场综合体围合成中心内广场，形体高大的体育馆被布置在东南侧，且与东侧的体育东路保持了适度的距离，预留出体育馆瞬时大量人流的集散广场；体育馆的双螺旋展开的造型，与训练馆会展中心多层展厅的曲线体量融为一体，沿着中央湖面的水体展开，与弧线形的水体驳岸界定了一个开阔的前广场空间，形成了会展中心南侧主入口的中央广场。

图 2-12 江门市体育馆会展中心鸟瞰[17]

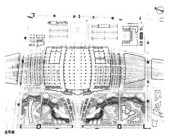

图 2-13 武汉火车站总平面[2]

此外，高大空间公共建筑具有比较强的公共性与汇聚性，可视为开放性的城市公共空间，因此场地设计除了可达性的考量外，也应该提供连续舒适的步行环境。武汉火车站（图2-13）周边环境独特，北侧是杨春湖，南侧是国家AAAAA级风景区东湖。站区规划延续并完善了城市规划轴线，与铁路线形成"T"字形格局，车站位于这两条轴线的交叉点上，成为区域的中心。西广场面向城市，是以铺地、绿化、水体为主要的步行景观广场；东广场紧邻城市快速路，是以车流入口、公交车站、长途汽车站及停车场为主的交通广场。

2.1.3.4　与提高隔声降噪相统一

高大空间公共建筑对建筑内部的声环境要求较高，由于绿色建筑设计要求营造健康舒适的室内环境，因此当建筑外部存在周边的交通噪声、社会的生活噪声和工业噪声，其规划布局应当有利于建筑的隔声降噪。对于毗邻高速公路或者城市主干道的建筑，宜进行噪声专项分析。

2.1.4　外部空间

2.1.4.1　营造公共活动空间

《中共中央　国务院关于进一步加强城市规划建设管理工作的若干意见》提出："合理规划建设广场、公园、步行道等公共活动空间，方便居民文体活动，促进居民交流。强化绿地服务居民日常活动的功能，使市民在居家附近能够见到绿地、亲近绿地。"基于新版《绿色建筑评价标准》对生活便利的要求，设计应当注重高大空间公共建筑本身及其外部空间与城市公共空间的延续性和整体性。根据城市整体的功能需求和空间环境特征，将建筑与城市公园绿地、居住区公园、广场有机连接，营造可达性好的公共活动空间（表2-5）。

表 2-5 营造公共活动空间的案例

	广州歌剧院	广州亚运馆	徐州音乐厅	海南国际会展中心
地点	中国广州	中国广州	中国徐州	中国海口
设计及竣工时间	设计：2002—2007年；竣工 2010年	设计：2008年；竣工：2010年	设计：2007—2008年；竣工：2010年	设计：2009—2010年；竣工：2011年
建筑面积（万 m²）	7.3	6.5	1.3	13.0
外部空间				
	爱知艺术文化中心	栃木县综合文化中心	所沢市民文化中心	湘南台文化中心
地点	日本名古屋	日本宇都宫	日本所沢	日本藤沢
竣工时间	1992年	1991年	1993年	1990年
建筑面积（万 m²）	1.2	0.7	1.1	0.3
外部空间				

　　体育建筑外部营造健身活动空间，有助于人们亲近自然，提高环境适应力，对保障人们的身心健康具有重要意义。在空间组织与景观流线的引导下，体育场馆的室外灰空间将成为积极的城市公共空间，最大限度地实现了体育场馆的公共性。广州亚运馆（图2-14）的室外广场由莲花湾南岸广场、衔接地铁的两层漫步道广场和西侧的主入口广场组成。设计以平层或坡道的方式连接室外广场空间与场馆入口，而各场馆入口通过灰空间有机相连，方便市民到达。二层的漫步道广场与莲花湾的人行步道构成了连续的景观道，串联起美丽的莲花湾和亚运城，有效地开拓了旅游资源。

　　交通建筑的外部场地设计应当注重完善城市功能，利用场地优势优化城市景观，为公众提供更多的公共开放空间。火车站的外部场地包括集散主广场、过渡引导性广场和休闲区，其中集散主广场连接火车站主站房、各停车场和地铁出入口。南京火车站的站前广场充分利用场地的优势，将玄武湖水体切入整体的景观规划、空间布局和功能组织，营造了由玄武湖水面、亲水平台、绿化游园、步行集散广场、主站房和小红山组成的富有南京城市文化底蕴的景观序列。

　　在会展建筑与观演建筑外部营造文化性公共空间，有利于公众开展艺术交流活动，重塑社区的生机与活力。广州歌剧院（见图 2-15）设计充分体现了扎哈·哈迪德的基地公共化思想。扎哈通过基地重塑，将建筑与城市生活融于一体。入口大平台和架空层，作为重要的"灰空间"，不仅解决了人流的集散，也联系着歌剧院、多功能厅和公共配套设施。斜墙、斜柱与三角形天花形成的开放空间，成为社会性的城市共享空间，可供市民开展文化艺术类活动。歌剧院通过线性形体设计顺应城市主要的人流方向，与珠江新城的地下空间相连接，赋予城市生活以生机与活力。与广州歌剧院相对比，日本所沢市民文化中心的外部公共空间设计充分利用场地的区位条件，与室内的功能相适应，体现了精细化和人性化。文化中心位于所沢航空纪念公园内，市民可以从文化中心的广场直接进入公园。广场两侧的建筑包括鞋盒状的音乐厅、多层带有阳台的马蹄状剧院、带有半推力舞台的正方形多功能厅和一个展厅，中心广场的一侧缓坡作为室外剧场[17]。市民文化中心的选址、规划布局和外部空间的设计旨在为市民提供易于到达的文化设施，丰富市民的文化艺术生活。类似的，在湘南台文化中心、爱知艺术文化中心、栃木县综合文化中心都有大量的公共活动空间和场地。

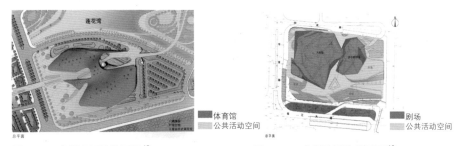

图 2-14　广州亚运馆总平面[18]　　　　　图 2-15　广州歌剧院总平面[19]

2.1.4.2   人车分流

　　高大空间公共建筑一般都有开阔的室外场地，用于疏散和人员活动。场地内部的交通组织与使用者的安全紧密联系，因此室外场地应当采取人车分流的措施，将机动车与行人完全分离，充分保障行人的安全。基于以人为本的绿色设计理念，完善人行道路网络有助于鼓励公众步行，这也是创建绿色生态城市的基础。

　　交通建筑的场地设计应当合理进行人车分流的交通组织。武汉火车站周边环境优美，南侧是国家 AAAAA 级风景区东湖，北侧是杨春湖。火车站的规划延续了城市规划轴线，和铁路线构成"T"字形的格局。站前东广场是靠近城市快速路的交通广场，包含长途汽车站、公交车站和停车场。西广场是步行景观广场，由绿化、水体和铺地组成。

　　体育建筑的场地设计除了考虑人流与车流的集散问题，还应当合理设置停车设施的位置。场地内的道路和停车场的设计需要与周边城市服务设施统筹协调，实现社会资源的整合优化。会展建筑流线复杂，包含多种功能，场地设计的关键是在妥善组织道路疏散和人员流线的同时，进行舒适良好的景观设计。观演建筑是人员密集场所，场地必须满足观演人流集散的需求，形成城市和建筑之间的缓冲空间。作为文化艺术区域，观演建筑与城市生活密不可分，为丰富城市与社区的文化活动提供便利。

2.1.5   景观和环境

2.1.5.1   海绵城市

　　2015 年 10 月印发的《国务院办公厅关于推进海绵城市建设的指导意见》指出，建设海绵城市，统筹发挥自然生态功能和人工干预功能，有效控制雨水径流，实现自然积存、自然渗透、自然净化的城市发展方式，有利于修复城市水生态、涵养水资源，增强城市防涝能力，扩大公共产品有效投资，提高新型城镇化质量，促进人与自然和谐发展。建设海绵城市就要有"海绵体"。

城市"海绵体"既包括河、湖、池塘等水系，也包括绿地、花园、可渗透路面这样的城市配套设施。

由于南方地区降雨量大，地下水位较高，土壤的渗透能力较弱，因此在高大空间公共建筑的景观设计中应融入海绵体的设计。其整体的设计策略可概括为"蓄、渗、滞"。"蓄"指的是以蓄水池或蓄水模块蓄水，"渗"是利用场地铺装或者立体绿化进行渗透，"滞"是采取生物滞留设施和下凹式绿地达到滞蓄的效果，水体经过净化与回用，最后剩余部分径流通过管网、泵站外排，缓解城市内涝的压力。

中国（泰州）科学发展观展示中心场地的渗透地面比例超过40%，自然降水部分渗透补充地下水，部分沿地表径流汇集到城市水系和景观水池，处理后作景观灌溉和建筑中水回用。其总体场地景观体现出绿色生态理念。

2.1.5.2 微气候营造

高大空间公共建筑的特点是具有大的室外场地。场地设计时应充分挖掘场地内部地理、植被、太阳、热、声和风力等要素的潜力，整合场地资源，并结合模拟分析，通过场地空间组织、景观设置提升区域的风、光、热环境，营造舒适的场地微气候，并有效节约能源，其具体手段包括借助绿化、水体、室外开敞空间等（表2-6）。

表2-6　营造微气候的案例

	中国（泰州）科学发展观展示中心	境港市文化中心	大阪市中央体育馆
地点	中国泰州	日本境港	日本大阪
设计及竣工时间	设计：2009—2010年；竣工：2012年	竣工：1994年	—
建筑面积（万 m²）	1.8	0.2	0.04

高大空间公共建筑可利用场地的绿化改善场地的热环境，减少来自地表和周围界面的长波辐射。通过种植适当的植物，可调节空气温度，增加空气湿度，改善空气质量。大阪市中央体育馆（图2-16）位于都市公园之下，种植屋面有效地改善了室外微气

候。体育馆的设计充分利用了地下空间的保温特征，建筑内部很
少受到夏季温度的影响，全年中有半年的时间利用地下管道进行
自然通风，成为与环境协调统一的生态建筑。

场地水体的蒸发可以提高室外热舒适度，调节室外微气候，
减少场地内部的热岛效应，同时也为人们提供了宜人的亲水活动
空间。日本境港市的渔港捕鱼量最高，由于护岸工程完备，儿童
没有亲水活动的平台。境港市文化中心设计旨在缩减音乐厅空间，
通过场地的景观设计，给市民创造与水嬉戏、亲近花丛的公共活
动空间。水景的设计不仅与渔港的地域文化相契合，同时也有利
于营造舒适的室外微气候。

营造室外开敞空间良好的风环境有利于室外、活动舒适和建
筑的自然通风。建筑师应根据场地的环境特征进行合理的建筑设
计和场地设计，创造舒适的微气候环境。广州亚运馆（图 2-17）
室外广场空间包括西侧主入口广场、与地铁四号线衔接的二层漫
步道广场、莲花湾南岸广场，室外广场均通过坡道或平层与各场

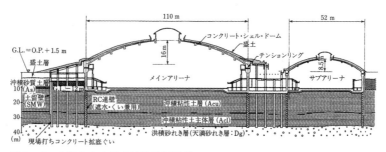

图 2-16　大阪市中央体育馆构造剖面[18]

（a）总平面

（b）场景透视

图 2-17　广州亚运馆[18]

馆入口相连，场馆入口则由贯通的灰空间有机地连接在一起，方便市民到达。设计还利用计算机模拟技术，对各场馆区室外及半室外灰空间微气候做了分析，并发现通过调整立面开口，加强气流组织，对上述空间的微气候改善有积极作用。良好的自然通风有利于提高室内的热舒适度，给人们提供适宜停留的空间。二层的室外广场及漫步道与莲花湾沿岸人行步道一起形成连续的景观道，将亚运城及莲花湾最美的场景连接起来，方便开拓旅游资源。通过各种景观流线及空间组织的引导，亚运馆的室外、半室外灰空间将成为市民乐于前往休憩停留的积极的城市公共空间，最大限度地实现亚运馆的公共性。

2.1.5.3 全龄化设计

建筑的室外公共区域需要满足全龄化设计要求。为老年人、行动不便者提供活动场地以及相应的服务设施和方便、安全、无障碍的出行环境，营造全龄友好的生活居住环境是高大空间公共建筑绿色设计中不可忽略的重要问题。在室外公共区域充分考虑到墙面或者易接触面不应有明显棱角或尖锐突出物，保证使用者，特别是行动不便的老人、残疾人、儿童行走安全。需要尽可能实现城市街道、室外活动区域、停车场所、建筑出入口和公共交通站点之间步行系统的无障碍连通。例如南宁国际会议展览中心采用一条步行天桥将广场与会展中心连接起来，除了宽大的台阶外还设置了平缓的坡道，从而方便人们行走。两侧植有行列树的宽阔的会展广场构成了连接城区与会展中心的纽带。

注释

1. 史立刚 . 大空间公共建筑生态化设计研究 [D]. 哈尔滨 : 哈尔滨工业大学，2007.
2. 详见：盛晖 . 突破与创新：武汉火车站设计 [J]. 建筑学报，2011（1）：80–83.
3. 详见：方健 . 绿色理念在京沪高铁虹桥站设计中的尝试 [J]. 绿色建筑，2015（2）：40–42.
4. 资料来源：盛晖 . 突破与创新：武汉火车站设计 [J]. 建筑学报，2011（1）：80–83.（作者改绘）
5. 资料来源：胡映东，张昕然 . 城市综合交通枢纽商业设计研究：以上海虹桥综合交通枢纽项目为例 [J]. 建筑学报，2009（4）：78–82.（作者改绘）
6. 资料来源：Responsables S. Theaters & halls：new concepts in architecture & design [M]. Tokio：Meisei Publications，1995.（作者改绘）
7. 资料来源：邱小勇，钱方，张洁，等 . 鹏翼千里　汇盈广大：重庆江北机场 T3A 航站楼设计解析 [J]. 建筑学报，2019（9）：69–73.（作者改绘）
8. 资料来源：董丹申，陈建，蔡弋 . 山水气韵　平衡综合：临安市体育文化会展中心创作札记 [J]. 建筑学报，2017（3）：78–79.（作者改绘）
9. 杨芳龙 . 地下高铁站广深港客运专线深圳福田站设计 [J]. 山西建筑，2010，36（19）：48–49.
10. Thorne M. Modern trains and splendid stations：architecture，design，and rail travel for the twenty-first century [M]. London：Merrell Publishers，2001.
11. 资料来源：Thorne M. Modern trains and splendid stations：architecture，design，and rail travel for the twenty-first century [M]. London：Merrell Publishers，2001.（作者改绘）
12. 资料来源：奥林匹克室内赛车场和游泳池，柏林，德国 [J]. 世界建筑，2004（3）：56–63.（作者改绘）
13. 张振辉，何镜堂，郭卫宏，等 . 从绿色人文视角探索传承转化之路：中国(泰州)科学发展观展示中心设计思考 [J]. 建筑学报，2013（7）：84–85.
14. 王群，李维纳，叶妙铭 . 沙滩上的椰子林：博鳌火车站设计 [J]. 建筑学报，2011（12）：80.
15. 李敏 . 会展建筑的节能策略研究及实践：以宿迁市会展中心为例 [D]. 南京：东南大学，2012.
16. 丁荣，杨光伟，卢东晴 . 世界级湾区"巨无霸"会展综合体：深圳国际会展中心 [J]. 建筑技艺，2019（2）：64–69.
17. 汪奋强，叶伟康，孙一民，等 . 适宜技术与理性营建：江门市滨江体育中心设计回顾[J]. 建筑学报，2019（5）：43–47.
18. 潘勇，陈雄 . 广州亚运馆设计 [J]. 建筑学报，2010（10）：50–53.
19. 资料来源：黄捷 . 艺术性与自然性的表达：广州歌剧院设计创新与实践[J]. 建筑技艺，2012（4）：88–93.（作者改绘）

2.2　建筑空间设计导则

2.2.1　功能组织

高大空间公共建筑，无论是会议、展览、体育、交通，都具有功能复合的特性，应当遵循合理高效的组织原则，实现多功能灵活整合。

2.2.1.1　共享化的公共服务功能

基于新版《绿色建筑评价标准》对生活便利的要求，高大空间公共建筑内部应当包含两种及两种以上的公共服务功能。公共服务功能提供了与建筑的主体功能相适应的公共活动场所，如设有展览、健身、餐饮设施的交往休息场所，提供活动室、母婴室的停留聚集场所。建筑内部合理组织公共服务功能，有助于提高建筑使用效率，节约城市用地，减少资源消耗。高大空间除了主体功能外，往往还会兼容更多的公共服务与辅助功能。这些功能配合主体功能，将高大空间公共建筑打造为城市客厅和市民公共活动的容器。深圳湾体育中心（图2-18）用地周边是蓄势待发的深圳商业新引擎——南山CBD商圈。作为核心地段的核心设施，应该形成开放型的复合体育空间，具备高度的活力。设计旨在尽最大可能向城市开放，欢迎市民的来访。为达成这一目的，设计将竞技流线集中设置，餐饮、商铺、娱乐设施等公共空间则环绕于主空间外围形成空中漫步廊道。这个空中漫步廊道让市民即使在没有体育赛事的时候，也可以随意过往，它不仅是一个体育设施，也是一个开放性的城市公园。

公共服务功能通过多种方式向社会开放共享，可根据自身的经营使用采取全时开放或错时开放的方式。如体育场馆、文化中心可利用科学的管理模式，向市民错时开放。

2.2.1.2 基于使用效率的功能整合

为了提高建筑的使用效率，最大化利用社会空间资源，适应日益增长的社会经济需要，高大空间公共建筑的设计应注重功能整合，包含主体功能的多样混合与辅助功能的复合使用[1]。功能的多元整合是指以主体高大空间为主，配置各种中小空间构成多元化的空间组成，使建筑在满足主体功能的同时，能够适应各类商业、娱乐与休闲等需求。

当前，高大空间公共建筑存在功能结构单一的问题，忽视了主体功能的共通性与辅助功能对主体功能的刺激作用。主体功能的多样混合打破了单一的功能结构，充分考虑不同功能的兼容性，使建筑内部满足多种功能需求，如体育建筑与会展建筑可同时满足多种球类和展览的功能。整合性设计和适度改造是实现功能混合的有效方式，有助于提高建筑的使用效率。深圳国际会展中心具有多功能复合的设计亮点。会展中心北区的三个展厅分别定位为多功能展厅，提供了甲等体育赛事、特殊/特大展品展览和会议活动等多种可能，其弹性使用的复合性和灵活性充分保证了展厅的利用效率和会展活动的需求。展厅内均布的会议和餐饮功能为展厅提供了高效率的配套。分设在两个登陆大厅中的1 800座的国际报告厅，可分可合。约3 400 m²的多功能厅、会议中心和高端餐厅在满足展厅自身使用的前提下，还可以对外独立经营。

2.2.1.3 基于运行特征的统筹规划

高大空间公共建筑具有不同的运行特征，如体育建筑分为赛时和赛后两种模式，观演建筑分为演出时和演出后两种模式，

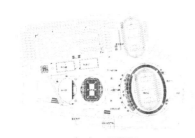
（a）二层平面

（b）南侧立面

图2-18 深圳湾体育中心[2]

会展建筑分为展时和展后两种模式。结合运行特征将不同的主体功能分时段整合在高大空间中，拓展其功能适应范围，提升空间的使用效率、经济效益和社会效益，避免社会空间资源的闲置，满足了日益增长的社会需求[3]。除了不同运行时段的功能使用，还应考虑日常功能和应急功能，为更多的功能使用可能性预留余地，如娱乐演出、大型集会、展览活动，甚至应急灾害人员安置等。功能设计应进行综合性的统筹规划，促进功能的可持续发展。例如，江门市滨江体育中心在经营阶段始终贯穿可持续性设计。体育馆在举办大型展览时可用作展厅空间；平常体育馆和会展中心可作为运动场所，向人们开放。两种功能互相补充、转换，适应了体育中心的可持续性运营[4]。广东奥林匹克游泳跳水馆作为大型国际赛事的比赛场馆，不仅要满足亚运会的使用需求，也需要考虑赛后体育设施的其他比赛和全民健身的要求。比赛池中移动池岸的设计，满足了短池比赛和赛后训练等多方面要求；功能房间的合理布局、建筑空间的灵活划分，满足了赛后全民健身的空间需求。赛时检录用房将转换成赛后餐饮设施，与训练池构成对外开放的全民健身区，但不影响训练区运动员的正常使用。荷兰代尔夫特大学建筑学院中的橙色大厅（The Why Factory）是由庭院加建而来，钢结构、玻璃立面与原有建筑立面共同围合出 1 200 m² 的大空间。大厅中三层橙色阶梯是视觉的中心，阶梯上是讲座的座席区，阶梯下创造出私密的讨论空间，其余空间灵活使用的特性正好符合建筑系所需。大厅既在平时作为非正式的学习讨论空间，又可满足典礼、讲座、模型展示、展览、电影放映和派对等多种使用功能，更能适应建筑全生命周期功能变化需要。

对于文体建筑，主体功能为适应动态发展的活动需求，应当采用动态开放的体系，将建筑划分出可变和不可变的部分。对于确定性强的部分采取优化布局的模式；对于确定性较弱的看台、舞台和地面等，则建立弹性体系让体育场馆实现灵活使用的最大化。设计不仅要满足当前的功能需求，也让未来动态需求下的持续使用成为可能，提高场馆的经济效益和社会效益。例如，日本埼玉超级竞技场通过地面及观众席的可动系统、吊顶的升降系统满足了不同活动的需求。竞技场可以将包含 9 000 座观众席、商店、休息厅、卫生间和机械室在内的钢结构建筑体块水平方向移动 70 m，短时间内将 19 000 座席的活动场转变为 27 000 座席的运动场[5]（图 2-19）。广州亚运会体操馆观众看台采用池座的形式，普通观众座席排距 850 mm，座席宽度 500 mm，具有良好的视线设计。赛后可增设活动席位 2 000 个，成为总规模达 8 200 座席的篮球场或其他多功能场地。综合馆观众看台设计则使用临时可装卸组合座席，方便赛后拆除改造以灵活适应多种使用功能。将两个体育场馆对比分析可知，日本埼玉超级竞技场以建筑体块的移动实现功能混合多样，对于建筑结构设计的要求较高，而国内的广州亚运会体操馆则采取弹性的看台，可操作性更强。

辅助功能的复合使用是指以主体功能为主，结合多种辅助功能来适应城市的体育竞技、文化休闲和商业娱乐的需求。体育建筑通过配置商业娱乐场所，将功能进行消解和重组，进而成为可供市民活动集会的城市客厅。

2.2.2 空间布局

在南方地区，高大空间公共建筑的空间设计在遵循绿色低能耗的同时，应该体现"变"的特点。

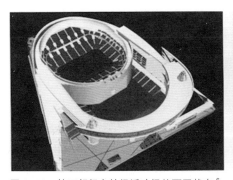
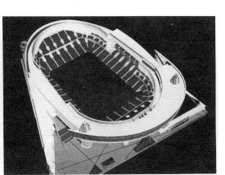

图 2-19 埼玉超级竞技场活动场的不同状态[6]

2.2.2.1 基于环境需求的分区策略

对于高大空间设计应结合不同的行为特点和功能要求，合理分区，并依据使用需求设定不同空间区域的室内温度标准。在保证使用舒适度的前提下，合理设置少用能、不用能的空间，减少用能时间，缩小用能空间，通过建筑的空间设计达到节能效果。

按照建筑功能的热环境需求，可将高大空间分为核心区、过渡区和附属区（图 2-20~ 图 2-22），以空间自身的组织调控主要使用空间的环境，根据建筑不同空间的环境性能需求，采取合理的空间布局设置建筑内部的气候梯度，实现热环境梯度与空间布局的耦合。

建筑的热环境分区包括水平分区与垂直分区。水平分区的目

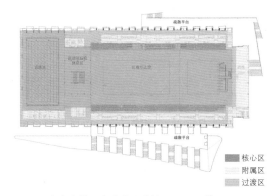

图 2-20　广东奥林匹克游泳跳水馆二层平面 [16]

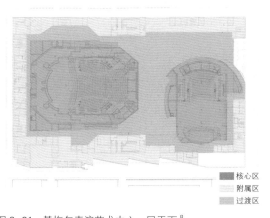

图 2-21　基梅尔表演艺术中心一层平面 [8]

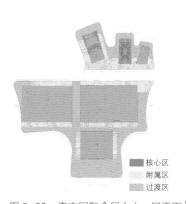

图 2-22　海南国际会展中心一层平面 [9]

的是区分功能使用空间与过渡空间。通常，门厅、公共交流区、流线区和绿化区可作为过渡空间。过渡空间在南方地区的春秋季，可提供舒适的室内环境；在冬夏两季可以尽可能减慢热交换。由于功能需求，高大空间公共建筑的挑檐尺度巨大，形成建筑外侧的过渡空间。过渡空间有利于调节室内外物理环境，夏季可遮挡太阳直射，给建筑出入口空间降温。同时，出挑的屋檐和倾斜的屋面可增大气压差，形成较大气流，促进自然通风。会展建筑大多将公共空间置于展馆之间的廊道作为过渡空间。面积较大的展览空间置于热舒适度较高的南向，面积较小的展览空间和交通空间置于热舒适度次之的北向，而储藏等附属空间置于东西向区域，其热舒适度最低[10]。

除了水平分区外，垂直分区也是高大空间公共建筑关注的核心。针对高大空间公共建筑的剖面分区温度，宜控制和保证人员停留区的下部空间，把超出人员活动范围的上部空间按过渡空间进行设计。人员停留活动区是室内温度调节的关键区域。根据温度分层的原理，为降低空调制冷的能耗，设计应使人员停留区保持温度稳定，减少热量因为温度分层界面上的流动而造成的损失。根据空气热力分层原理，在过渡季应采取自然通风和机械辅助控制的方式，满足人体热舒适的基础上，降低通风换气的能耗[1]。

建筑的热环境分区可以控制核心区房间热量的损失，满足加温需求。对于有严格的环境调控需求的高大空间，通过将其置于气候过渡区的包裹之中，在保证其热稳定性的同时，改善室内的热舒适。热环境分区的方式主要包括围合法、半围合法、立体划分法和三明治法（图2-23）[11]。围合法主要针对夏热冬冷地区，可以在一定程度上控制夏季热环境，又对冬季的寒冷起防护作用，

| | 主要空间 | ■ 过渡空间 |

（a）围合法　　　（b）半围合法　　　（c）三明治法　　　（d）立体划分法

图2-23　热环境分区图[12]

具有可控性。半围合法主要针对寒冷地区，西北侧的过渡空间阻挡了冷风渗透对建筑高大空间的影响，并获得东南侧的良好日照。三明治法主要针对炎热地区，东南侧的过渡空间减少了太阳的热辐射，南北贯通的核心高大空间可获得南北自然通风的环境。例如，基梅尔表演艺术中心采用围合法的热环境分区方式，设置空间气候梯度，降低能耗。作为美国费城一个重要的公共空间[13]，设计将观演高大空间作为室内联邦广场中的独立建筑，由混凝土、钢和砖块建造而成的建筑围合起来，这样外部的广场空间作为缓冲空间，减缓主要功能空间与外界的热交换。演艺中心的屋顶是由钢和玻璃组成的桶形穹隆，给室内引入自然光线。帕里曼剧场顶部是一个冬季花园，有效地改善了室内热湿环境。室内联邦广场是室外人行道的延伸，让演艺中心成为城市生活的一部分，给人们提供公共活动的空间。

除了灵活分割外常用的空间分区手段还有高度调节。以体育建筑中对室内温度控制要求最高的游泳馆为例，室内空间高度将增加室温控制的难度，也使赛后运营的能源消耗成本加大。因此，1990年国内曾有过将泳池空间与跳水空间分设的尝试，使得不同空间可区别对待，如汕头游泳馆、珠海游泳馆。进入21世纪之后，体育部门大都明确提出，跳水区域与游泳区域两池应合并在同一空间内建设。因此可通过室内净高的调节使得不同区域既相连又区分，使得空间紧凑合体。比如，广东奥林匹克游泳跳水馆（图2-24）设计将建筑分为3个区段：跳水区、游泳比赛区、训练区。分别按照不同功能要求确定室内空间高度。跳水区域最高，比赛区其次，训练区域则尽可能降低高度，将最浅的训练池置于首层。

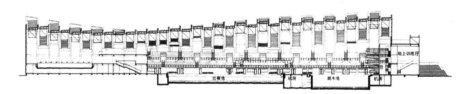

图2-24　广东奥林匹克游泳跳水馆剖面[14]

2.2.2.2　基于自然采光通风的空间组织

通过空间设计的手段引导自然通风与采光，可以有效地改善室内环境和空气品质，提升人体的舒适度并节能，如采用中庭、天井、通风塔、导风墙、热压竖井、外廊等。其中，外廊、中庭等灰空间具有热缓冲功能，起到过渡作用。热压竖井主要利用热压通风机制，在建筑形体的适合位置设计竖向通风空间，通过调整体形高宽比和口底比，调控优化室内外风环境。研究表明，在自然通风的条件下，人们感觉热舒适度和可接受的环境温度要远比空调室内环境设计标准限定的热舒适温度范围来得宽泛。因此在室外气象条件良好的情况下，加强自然通风有利于缩短空调运行时间，减少建筑能耗。

高大空间公共建筑尺度较大，内部包含大体量空间、单元性空间和竖直贯通空间等，具有较强的热压通风潜力。为促进高大空间公共建筑整体上的自然通风，应当根据不同空间的热环境特征，进行合理的空间组织，充分发挥自然通风优势。在主要采用自然通风的时间段，高大空间公共建筑应考虑充分利用空间高度高的特点，通过空气热力分层作用来满足换气需求，并置入可开启屋顶或外墙等形成竖向烟囱设计，加强建筑的竖向通风。韩国仁川机场交通中心（图2-25）通过屋面上覆盖的玻璃翼缘形成风塔效应，充分利用主导风向的风力，让室外新鲜空气在室内花园的过滤作用下，流通到交通中心的大厅，实现全年中约半年以上时间的室内自然通风。为了减少不必要的空调运行能耗，设计仅对距离地面3 m高的范围进行空气调节，为旅客提供宜人舒适的微气候环境。广州白云国际机场二号航站楼采用CFD流体力学软件对建筑平面设计和玻璃幕墙可开启位置及面积进行指导优化，加强建筑的自然通风能力，减少建筑夏季空调能耗。对位于航站楼内部联检区等通风条件较差的区域，通过设置可供旅客休憩的中庭花园以加强区域的自然通风条件，改善建筑用能效率和提高室内空气品质。

此外，高大空间公共建筑的天井、中庭、通风塔等形式的竖直贯通空间，本身具有平面尺寸小、高度较大的特点，能够改善自然通风的效果（表2-7）。日本东京东急东横线涩谷站（图2-26），

表 2-7 基于自然通风的空间组织

	法国巴黎奥斯莫斯车站	法国巴黎圣拉扎尔站	东京东急东横线涩谷站	韩国仁川机场交通中心
自然通风的高大空间	风肺	通风塔	采光井	大体量空间

采用挑空空间设计，解决车站在空间上的连续性问题，让地上空间与地下空间有机结合。采光井和挑空空间的有效利用，在不影响交通流线和车站主体功能的基础上，达到自然通风换气的目的。针对自然通风换气范围的冷气送风问题，设计采用在旅客停留时间久的范围进行点式送风；在候机长椅和售票机处设置空调出风口；其他地方采用"放射式制冷"的解决方式[15]。法国巴黎奥斯莫斯车站（图 2-27）贯穿建筑内部的共享空间称为"风肺"，经过数字优化之后的空间形态，不仅让整个共享空间更易获得地铁产生的能量，也有利于自然通风。类似的还有法国巴黎圣拉扎尔站地下室剖面（图 2-28）。

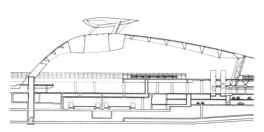

图 2-25 韩国仁川机场交通中心剖面[16]

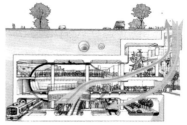

图 2-26 东京东急东横线涩谷站剖面通风示意图[17]

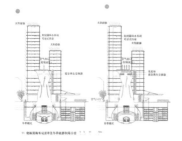

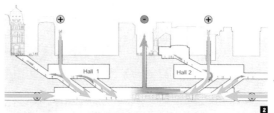

图 2-27 奥斯莫斯车站夏季及冬季能源利用示意图[18]　图 2-28 法国巴黎圣拉扎尔站地下室剖面[19]

除了自然通风，高大空间公共建筑也常通过增设中庭调节空间组织等方式增加自然采光，改善大空间的封闭性特点。上海浦东卫星厅区域采用了中庭与高侧窗采光。卫星厅中转区域进深大，功能复杂，层数较多，建筑内部结合中转功能设置了通高中庭，建筑顶部设置了层叠高起的侧窗，将自然光引入建筑的中庭，高侧窗的设置不仅改善了上部标高层的采光，同时使地下空间也从原来几乎没有采光达到平均采光系数 0.5%，在改善室内光感受的同时，减少了人工照明的能耗。

2.2.2.3　高度控制与剖面形态

高大空间公共建筑的能耗与体积成正比，由于平面形态受多种功能因素的影响，可调节弹性小，而剖面形态和高度的设计空间则较大[20]（表 2-8）。从理论上讲高大空间的空间高度越低，建筑的能耗越低，但是也会影响空间体验。因此需要合理设计高大空间的剖面形态与高度，在保证使用者舒适度的同时，有效降低能耗。

表 2-8　剖面形态与高度控制

	广东奥林匹克游泳跳水馆	杭州萧山国际机场 T2 航站楼	江门市滨江体育中心	临安市体育文化会展中心
剖面形态				

在航站楼建筑中，出发大厅是核心功能组成部分，展现了建筑的空间效果。航站楼出发值机大厅的剖面形态包括两种类型：一体化大空间和分区域控制。一体化大空间是指值机大厅和安检区是连通一体的，室内高度由值机区向安检区自然降低，不仅符合视觉形象需求，也降低了整体空间高度。例如杭州萧山国际机场 T2 航站楼（图 2-29）采用曲线形屋顶调节空间高度。高大空间上部具有良好的空气流动性，是过渡季组织通风的有利因素。分区域控制是指将安检区与值机大厅用墙体分隔，形成两个独立的空间，便于控制室内环境。值机大厅和安检区的高度分别根据旅客不同需求进行设计，一般低于一体化空间的整体高度，有利于降低整体的能耗。

在体育建筑中，游泳馆对室内温度要求最高。游泳馆内的高大空间增加了温度控制的难度，也增加了赛后运营的能耗成本。游泳馆的空间组织应妥善解决游泳区与跳水区的高度差。广东奥林匹克游泳跳水馆（图2-30）由3个区段构成：游泳比赛区、跳水区和训练区，三个区段分别根据不同的功能确定空间的高度，根据不同场馆的热环境需求确定温度设定标准。对于训练区，可尽量降低空间高度，节约能耗。游泳跳水馆紧凑的空间布局，低耗能的空间环境，有利于向市民开放，提高社会经济效益。类似的剖面形态与高度控制还可见于临安市体育文化会展中心（见前图2-6）和江门市滨江体育中心（图2-31）等建筑示例中。

2.2.2.4 建筑适变性

我国城市建筑实际的平均使用寿命约40年，远低于美国、欧洲等发达国家。造成我国建筑实际寿命相较设计寿命偏短的原因主要包括规划调整、建筑质量较差、建筑空间不满足使用需求等。实际上，随着社会生活方式、使用者的变化等，建筑物的功能需要也会发生变化。研究表明，100年中建筑基本功能保持不

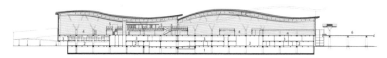

图2-29　杭州萧山国际机场T2航站楼剖面[21]

图2-30　广东奥林匹克游泳跳水馆剖面[7]

图2-31　江门市滨江体育中心剖透视[22]

变的不足20%，因此在设计中应提高空间的利用效率，考虑到功能的灵活可变，尽量保证空间的完整性，为将来的变化留有可能，这样建筑就更容易被改造再利用，从而减少拆除带来的材料消耗和能源损耗。

高大空间更是如此。应利用建筑功能空间和结构形态上的变化，使高大空间公共建筑不断满足不同使用人群在不同时段的需求变化，以此获得更长的使用寿命。例如，在高大空间内部灵活布置内隔墙，可减少室内空间重新布置时对建筑构件的破坏，提升建筑的适变性，延长建筑的使用寿命。

南宁国际会展中心的圆形大厅可灵活使用，由于它位于中心位置，因此也可与会展活动分开使用（图2-32）。展览大厅与环形多功能厅衔接，沿着一个两层高的光线充足的中央大厅两侧排列。一期工程的九个展厅分布在两个楼层上，位于同层的各个展厅可以按需合并成大小不同的单元，所以适用于各种不同规模的展览活动。会议大厅也可以灵活地分隔使用。

大连市体育中心体育馆设计的重要思想之一是弹性可变（图2-33）。场馆内除了普通看台之外，还设有可伸缩座席、包厢席等，提供多种观赛模式。体育馆内为满足比赛需求，取消自然采光，内部设有先进的声光电设备，可多模式转换满足多种使用需求。观众大厅与训练馆内均开设可开启天窗设置，可自然采光，节能降耗，满足赛后经营的需求。比赛场地设置40 m×70 m大小的可拆卸活动地板，场地内部设置冰场，在满足冰、陆转换的同时，又为各类大型文体活动提供优质的演出展览空间。

图2-32　南宁国际会展中心 [23]　　图2-33　大连市体育中心体育馆 [24]

2.2.3 流线安排

高大空间公共建筑人流量大，对流线组织安排包括出入口的数量与位置设置、路线引导、安全指示等有较高的要求。特别对于大量功能复合、大空间套小空间的交通建筑，需要理顺流线安排，并辅助以视觉引导。如通过有规律的空间结构设计，设置一个或多个明确的中心区域，将空间在垂直方向上加以渗透变化，帮助定位以及感知其他空间。此外由于建筑内部不同区域对光环境要求存在差异性，因此流线设计可与建筑内部的光环境设计相结合，提高空间的导向性，使得空间具有可读性。

武汉火车站的设计强调了建筑空间的通透性，以清晰合理的布局提高了旅客进出站的效率。整个布局围绕着建筑中部50 m高的巨大中庭展开，中庭由候车室和进站大场围合而成，是一个上层与下层、站内与站外相互渗透的共享空间，将站台大厅和候车室融为一体。空间引导性和可识别性强，旅客在大厅中可以感知车站的整体布局，还可以看到停靠在站台上的列车，从而明确自己所处的方位和行进方向。

三亚火车站内部空间首先满足了交通功能的要求，进出站大厅与售票处等重要的空间通过提升高度对称空间等方法，强调了其重要性与标识性，便于旅客能够轻松便捷地找到位置方向。交通空间通过流线组织和交通设施等加强了流动性与引导性。候车厅开敞明亮，创造了相对安静舒适的休息等候空间。

北京大兴国际机场航站楼（图2-34）中心区容纳了国内国际、进港出港以及相互中转等各条流线的重要节点，体现了航站楼集约紧凑、立体组织的建筑特点。顶部的巨大天窗照亮了中心空间并延伸至各条支廊，在中心点附近，旅客可以望向各条支廊的远端，感知航站楼放射状的整体结构。在中心区的二层是东西两片相互对接的商业广场，各围绕着一根C形柱组织商业舱体布局，并通过舱体布局为广场内混行的多条客流流出明确的流线主通道，在支廊口和行李厅入口等重要节点对进出旅客进行分流引导。

潮汕机场以高效快捷地进行旅客集散为理念，采用分层设计的原则，在三层布置出港流程，在二层布置进港流程，在首层布置行李提取层。出港旅客流程全程为平层流程，进港旅客流程全程仅下行一层，两者互不交叉，流线明确且导向性强，可有效地保证旅客集散效率。

2.2.3.1   安全疏散设计

高大空间公共建筑根据建筑功能空间的需求多选用大跨钢结构。钢结构在常温下具有良好的强度，但是火灾高温下其强度迅速衰减，结构局部失稳，造成人员伤亡。因此，基于新版《绿色建筑评价标准》对安全耐久的要求，走廊等通行空间应保持畅通，符合紧急疏散的要求。高大空间公共建筑设计需要根据建筑的规模、高度、功能和耐火等级等考虑安全疏散措施。

2.2.3.2   人性化精细设计

城市建设的重要问题是营造全民友好的生活环境。随着城市土地的混合性使用、建筑功能的复合性组织，公共建筑绿色设计应根据功能特征和不同人群的需求采取精细化的设计。因此，交通建筑的流线安排需要针对旅客的需求采取人性化设计，根据视觉引导的设计理念，通过简化空间结构，确立一个或多个核心区域，将空间在竖向上进行渗透，便于旅客快速定位和感知其他空间。

火车站通常以一个核心区域的空间布局提高旅客的出行效率，体现空间的通透性。武汉火车站空间围绕建筑中部的中庭展开，中庭是一个两层贯通共享、站内站外互相渗透的高大空间，由进站广场和候车大厅围合形成。中庭具有极强的空间导向性和识别性，有利于旅客感知车站的总体布局，轻松地明确位置方向[26]。

图 2-34   北京大兴国际机场航站楼[25]

2.2.4 体形设计

2.2.4.1 合理的体形系数

建筑的体形系数决定了能耗的高低，体形系数越大，单位空间的热得失面积就越大，能耗相应增加。由于高大空间公共建筑的体量大，其体形设计对建筑能耗有极大的影响，因此需要进行体形系数的控制。不同平面形式的建筑体形系数相差较大，直接影响了建筑的运营能耗。由空间几何知识可得出，在体积相同的不同形体中，体形系数最小的是球体，其次是立方体和长方体（表2-9）。六面体应用于高大空间存在大跨度平面结构的刚度和强度劣势，所以高大空间公共建筑常选用的屋顶形式是空间曲面，尤其是与墙体一体化的形式[1]。体形的凹凸会增大建筑的外墙面积和体形系数，因此在平面布局中应当尽可能使外形更加平整。

表2-9 不同平面形式对体形系数与耗热量的影响

	平面形式	外表面积（m²）	体形系数	每平方米建筑面积耗热量比值（%），以正方形为100%做参考标准
r=12.62 m	圆形 r=12.62 m	1 831.57	0.218	91.5
22.36 m / 22.36 m	正方形	2 002.59	0.238	100
15.81 m / 31.63 m	长方形 2:1	2 093.98	0.249	104.6
12.01 m / 38.37 m	长方形 3:1	2 235.1	0.266	111.6
11.18 m / 44.72 m	长方形 4:1	2 379.24	0.283	118.7
10 m / 50 m	长方形 5:1	2 516	0.300	125.6

　　杭州萧山国际机场 T2 航站楼位于 T1 航站楼的西南侧，采取"L"形的总体布局，严格控制建筑的体量和体形系数[27]。设计在以人为本的理念基础上，将体形、空间和功能设置的合理性和旅客的舒适度紧密结合，营造出绿色宜人的空间环境。

2.2.4.2　适应性体量形式

　　建筑的体形设计与空间组织会影响能源使用与建筑环境舒适性，因此要打造适应性体形，即通过对建筑形体及其内部形态的构形，调节和控制室内外物理环境，提高舒适度，减少能源消耗。

　　总体上建筑的体形系数越大，单位建筑空间的热得失面积越大，能耗越高。因此，适应性体形要求建筑具有合理的体形系数，避免因凹凸的体形设计使外墙面积增加从而增大体形系数。研究表明，体形系数每增大 0.01，能耗指标增加 2.5%。根据空间几何学知识，相同体积的不同形体，以球体的表面积最小，而立方体和长方体的体形系数渐次增大。高大空间公共建筑对于结构刚度和强度的要求高，设计中多采用空间曲面屋顶，特别是屋顶和墙体的一体化形式。

　　热性能调控形体和风性能调控形体，是两种有效优化室内外热环境和风环境的适应性体形设计。热性能调控形体是利用建筑形体塑造来获得或屏蔽太阳辐射热的设计技术。热性能调控形体设计需要根据太阳高度角、方位角以及环境的需求，确定各体形面的热方位角和热倾斜角度，使建筑在倾斜、旋转和扭曲的操作后，塑造出自得热或自遮阳形体，调控优化室内外的热环境。

　　风性能调控形体是利用建筑形体塑造来抑制或促进室内外自然通风。风性能调控形体设计是根据当地主导风向和环境需求确定各体形面的风方位角和风倾斜角，塑造阻风和导风形体，调控优化室内外风环境。

　　基于空间调节的绿色设计原则，建筑应当顺应南方地区的环境气候特征，通过有效的体形设计方式实现环境的热舒适调节，降低建筑能耗。高大空间公共建筑可通过内凹、架空、出挑、倾斜等形体操作方式实现建筑的自遮阳，减少部分空间的空调能耗；

通过架空、局部挖空、置入庭院的方式组织自然通风，形成良好的室内热舒适环境，降低碳排放量。

2.2.4.3 地域性建筑风貌

建筑是一个地区地域环境特征和传统文化相结合的产物，承载着当地的风俗传统和历史文脉。高大空间公共建筑作为地区标志性的建筑，基于绿色建筑设计因地制宜的原则，其体形设计应当传承地区的建筑风貌，采取具有地方特色的建筑设计方法，体现地域性的建筑特色。由于南方不同地区的环境气候特征、经济发展水平和历史文化特色存在差异，应当在充分分析的基础上，考虑体形设计中技术的适用性。高大空间建筑体形的本土适宜性体现在从结构选型与设计、建筑材料与色彩、自然采光与通风技术等方面与地方特色相适应（表2-10）。

表2-10 地域性建筑风貌的案例

	苏州火车站	南京南站	泉州火车站
地点	中国苏州	中国南京	中国泉州
设计及竣工时间	设计：2006—2008年；竣工：2010年	设计：2006—2011年；竣工：2011年	设计：2007—2009年；竣工：2011年
建筑面积（万m²）	8.7	28.2	2.9
候车大厅净高（m）	15	17	24
	潮汕机场航站楼	杭州萧山国际机场T2航站楼	重庆江北机场T3A航站楼
地点	中国揭阳	中国杭州	中国重庆
设计及竣工时间	设计：2007—2010年；竣工2011年	设计：2007年；竣工：2010年	设计：2009—2014年；竣工：2017年
建筑面积（万m²）	5.9	9.6	53.7
结构类型	现浇钢筋混凝土框架结构+钢网架结构	大跨度钢桁架系统	钢筋混凝土框架+大跨度钢网架混合结构

建筑体形的地域性设计，应当结合自然气候条件，实现自然采光和自然通风。潮汕机场航站楼是一座传承地域文化的花园式航站楼。潮汕民居的布局大多是传统的合院形式，大型民居聚落则是通过"四点金"进行横向或者纵向拓展[28]。聚落内部依据"四水归堂"的风水格局，设置多组天井庭院，与居住者的生活紧密

联系，实现岭南地区遮阳、通风、防火、防潮的需求。航站楼设计吸取了传统民居天井庭院的概念，在候机指廊与航站楼主楼之间设置悬空花园。航站楼普遍面宽大、进深长，采用与地域文化巧妙结合的绿色节能设计，引入自然光线，解决了日常运行需要大量耗能的问题。

除了自然气候特征，体形设计也应当注重地形地貌条件。重庆地区的建筑为适应坡地地形，多采用吊脚、出挑和分台的形式，具有强烈的地域特色。航站楼前的交通枢纽设计成一个单元式的退台建筑，以突出航站楼的宏大，满足站前立体交通单循环的要求。建筑体量在竖向上逐级缩减，直到屋顶标高低于机场航站楼的出发车道边，消逝在人们的视线当中，层层屋顶绿化，形成绿色的梯田景观。在功能单元中插入采光天井，兼具方向指引与通风排烟多种优势，体现了重庆的地域文化特色。

高大空间公共建筑的结构选型设计是体形的影响因素。与地域相适应的结构选型和设计，有利于高大空间公共建筑的体形与城市的街区肌理、自然景观相融合。美国的丹佛国际机场（图2-35）选取张拉膜结构，将建筑与白雪皑皑的落基山有机融合。航站楼的造型设计结合丹佛的地域特色，让旅客体验到独有的地域文化。张拉膜作为航站楼的独特造型，调节着航站楼的物理环境。布膜具有高透光性和高反射率，引入柔和的自然光线，减少人工照明的能耗[29]。

苏州火车站的设计将菱形作为一个符号系统进行发展，从大跨度的站房空间桁架体系（图2-36），到门窗檐口以及地面铺装不断演绎。菱形钢桁架结构既解决了大跨度屋顶的支撑，又分解了大屋顶的体量（图2-37），与苏州古城的肌理相协调。在南北站房功能用房的设计中，结合苏州园林的传统，开辟出多组庭院天井，在解决自然采光与通风的同时，传承了地域文化。其他案例如南京南站利用的重檐形式（图2-38）以及泉州火车站的挑檐形式（图2-39）也有类似的作用。

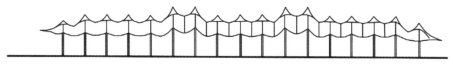

图 2-35　美国丹佛机场航站楼张拉膜结构（作者自绘）

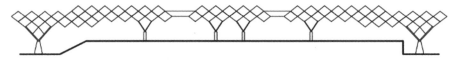

图 2-36　苏州火车站菱形空间桁架体系（作者自绘）

（a）候车大厅　　　　　　　　　　（b）VIP 候车室

图 2-37　苏州火车站[30]

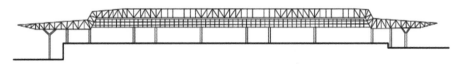

图 2-38　南京南站重檐形式（作者自绘）

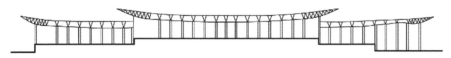

图 2-39　泉州火车站挑檐形式（作者自绘）

注释

1. 史立刚，袁一星 . 大空间公共建筑低碳化发展 [M]. 哈尔滨：黑龙江科学技术出版社，2015.

2. 大野胜，鉾岩崇，谢少明 . 开放的、与自然共呼吸的建筑：深圳湾体育中心设计所感 [J]. 建筑学报，2011（9）：78.

3. 董丹申，陈建，蔡弋 . 山水气韵　平衡综合：临安市体育文化会展中心创作札记 [J]. 建筑学报，2017（3）：78-79.

4. 汪奋强，叶伟康，孙一民，等 . 适宜技术与理性营建：江门市滨江体育中心设计回顾 [J]. 建筑学报，2019（5）：43-47.

5. 龟田忠夫 . 埼玉超级综合活动场 [J]. 建筑创作，2002（11）：26-29.

6. 资料来源：史立刚 . 大空间公共建筑生态化设计研究 [D]. 哈尔滨：哈尔滨工业大学，2007.

7. 资料来源：孙一民，冷天翔，申永刚，等 . 云水禅心：广东奥林匹克游泳跳水馆设计 [J]. 建筑学报，2010（10）：58-59.（作者改绘）

8. 资料来源：李菁 . 基梅尔表演艺术中心，费城，宾夕法尼亚州，美国 [J]. 世界建筑，2013（4）：26-31.（作者改绘）

9. 资料来源：李兴钢，谭泽阳，张玉婷 . 探求建筑形式、结构与空间的同一性：海南国际会展中心设计手记 [J]. 建筑学报，2012（7）：44-47.（作者改绘）

10. 李敏 . 会展建筑的节能策略研究及实践：以宿迁市会展中心为例 [D]. 南京：东南大学，2012.

11. 朱君 . 绿色形态：建筑节能设计的空间策略研究 [D]. 南京：东南大学，2009.

12. 资料来源：朱君 . 绿色形态：建筑节能设计的空间策略研究 [D]. 南京：东南大学，2009.（作者改绘）

13. 李菁 . 基梅尔表演艺术中心，费城，宾夕法尼亚州，美国 [J]. 世界建筑，2013（4）：26-31.

14. 刘世军，山农，王瑞 . 现代交通建筑的地域精神：三亚火车站方案设计 [J]. 建筑学报，2009（4）：

67–69.

15. 妹尾贤二, 大场启史, 李曼曼 . 东京东急东横线涩谷站 [J]. 建筑学报, 2009（4）：40–45.

16. 资料来源: 李晓峰, 江岚 . 绿色空港: 仁川国际机场简介 [J]. 新建筑, 2003（3）：22–23.

17. 资料来源: 妹尾贤二, 大场启史, 李曼曼 . 东京东急东横线涩谷站 [J]. 建筑学报, 2009（4）：40–45.（作者改绘）

18. 资料来源: 王桢栋 . 以热力学之美为线索的可持续建筑设计: Abalos+Sentkiewicz 事务所建筑综合体回顾 [J]. 建筑学报, 2013（9）：54–57.（作者改绘）

19. 资料来源: Thorne M. Modern trains and splendid stations: architecture, design, and rail travel for the twenty-first century[M]. London: Merrell Publishers, 2001.（作者改绘）

20. 刘艺, 钟琳, 陈荣锋 . 航站楼空间舒适性与绿色节能设计研究 [J]. 建筑学报, 2019（9）：18–23.

21. 资料来源: 曹跃进, 徐淑宁 . 磅礴气势、勇立潮头: 杭州萧山国际机场国际航站楼设计 [J]. 时代建筑, 2014（2）：114–117.（作者改绘）

22. 资料来源: 汪奋强, 叶伟康, 孙一民, 等 . 适宜技术与理性营建: 江门市滨江体育中心设计回顾 [J]. 建筑学报, 2019（5）：43–47.（作者改绘）

23. 资料来源 https: //www.zcool.com.cn/work/ZMjM1OTgxMTI=.html.

24. 陆诗亮, 初晓, 魏治平, 等 . 大连市体育中心体育馆建筑设计 [J]. 建筑学报, 2013（10）：70–71.

25. 王晓群 . 北京大兴国际机场航站区建筑设计 [J]. 建筑学报, 2019（9）：32–37.

26. 盛晖 . 突破与创新: 武汉火车站设计 [J]. 建筑学报, 2011（1）：80–83.

27. 曹跃进, 徐淑宁 . 磅礴气势、勇立潮头: 杭州萧山国际机场国际航站楼设计 [J]. 时代建筑, 2014（2）：114–117.

28. 陈雄, 潘勇 . 干线机场航站楼创新实践: 潮汕机场航站楼设计 [J]. 建筑学报, 2014（2）：75.

29. 肖强, 肖苑 . 高技术建筑的地域化: 兼论机场航站楼建筑 [J]. 南方建筑, 2003（2）：17–19.

30. 王群, 李维纳 . 浓郁的地方特色 现代化的火车站: 苏州火车站设计 [J]. 建筑学报, 2009（4）：64–66.

2.3　建筑界面设计导则

2.3.1　围护结构

2.3.1.1　保温隔热设计

围护结构的保温隔热设计应遵循绿色低耗能的气候适应性原则。围护结构的保温隔热设计包括屋面保温设计、屋面隔热技术、外墙保温系统和外墙保温技术。屋面可采用屋顶绿化、架空屋顶、蓄水屋面等通风降温措施，外墙可采用相变材料外墙和双层玻璃幕墙等保温措施。提高围护结构的热工性能，有助于减少空调负荷，实现建筑的节能设计。因此，需要优化围护结构的热工性能，提高对外墙、外窗、屋顶和幕墙等围护结构主要部位的太阳得热系数和传热系数的要求。

基于空间调节理论的交互式表皮可知，高大空间公共建筑应根据南方地区的气候环境特征，通过对围护结构在材料、形态、构造和组织方式方面的设计，利用交互式表皮的关键技术（如热质动态调蓄、被动式气候调控层、生态介质表皮），控制与调节室内外的物理环境，在提高舒适度的同时减少能耗。例如，重庆江北机场 T3A 航站楼为减少夏季热辐射，通过天窗的遮阳膜和大尺度的屋顶挑檐，有效遮蔽太阳辐射。金属屋面呈浅灰色，可有效反射阳光，降低太阳辐射对室内物理环境的影响。由于重庆地区夏季高温，金属屋面的温度高达 50℃，而金属升温会破坏防水卷材 [1]。因此，在直立锁边的屋面构造中，以保温隔声、防水和保温的夹心组合方式，提高构件的耐久性。又如，温哥华会展中心生态屋顶减少了建筑约 26% 的热吸收，同时屋顶良好的热保温性能也减少了建筑冬季的热量损失 [2]。柏林奥林匹克室内赛车场和游泳馆体量下沉 17 m，高出地面 1 m，除了比赛厅的顶部覆盖的是金属屋面板外，其余均为覆土种植屋面。由于土壤具有良好的热工性能，建筑可以免受外界温度波动的影响，节约能源。

除了采用不同的技术措施增强围护结构的保温隔热性能外，保温隔热设计还应结合建筑形态与结构进行一体化设计，通过充分融合建筑、工程和环境学科，使组成围护结构的各部分功能都远超其传统做法。曼谷新国际机场航站楼(图2-40)为全玻璃结构，外围护系统是由薄膜和玻璃构成的巨大的拱形结构。建筑师开发的新型膜材料和复合玻璃，可有效调节室内外微气候，控制噪声，满足室内自然采光的需求。建筑物理学家采用辐射制冷地面，与外围护系统协同作用，在保证室内热舒适性的基础上，将空调制冷能耗降低至原来的60%[3]。

2.3.1.2　噪声控制设计

基于新版《绿色建筑评价标准》中健康舒适对于声环境的要求，应优化高大空间公共建筑主要功能房间的声环境。影响建筑室内噪声级大小的噪声源主要包括：一类是室内自身声源，如室内的通风空调设备、日用电器等；另一类是来自室外的噪声源，包括建筑内部其他空间的噪声源（如电梯噪声、空调机组噪声等）和建筑外部的噪声源（如周边交通噪声、社会生活噪声、工业噪声等）。

室内自身声源常见于交通建筑和体育场馆等人员密集场所。在这些场所中，噪声多来自设备和使用者，其顶棚、墙面和楼面宜采取吸声和隔声措施。对于观演和会展建筑中的接待大厅、多功能厅和有声学要求的空间应进行建筑声学专项设计，对空间的形态尺寸、装饰材料与装饰方式进行调整，使声音清晰度、混响时间等满足相关标准的要求。

图2-40　曼谷新国际机场[4]

对于建筑外部噪声源的控制，应首先在规划选址阶段就做综合考量，避免或降低主要功能房间受到室外交通、活动区域等的干扰。此外，由于传入室内的总噪声级与围护结构的隔声性能、传声性能和吸声性能紧密联系，因此可通过优化建筑平面、空间布局，提高建筑墙体、门窗和楼板的空气声隔声性能，提高楼板的撞击声性能等方式改善。

设计中应采取措施优化主要功能房间的室内声环境。为确保主要功能房间的隔声性能良好，首先，构件及相邻房间之间的空气声隔声性能应达到现行国家标准《民用建筑隔声设计规范》（GB 50118—2010）中的低限标准限值和高要求标准限值的平均值；其次，楼板的撞击声隔声性能达到现行国家标准《民用建筑隔声设计规范》低限标准限值和高要求标准限值的平均值。

2.3.2 门窗洞口

2.3.2.1 自然通风设计

在南方地区，公共建筑门窗洞口的绿色设计应有利于过渡季和夏季的自然通风。在规划布局阶段，应当充分考虑夏季和过渡季的主导风向，避免将主要功能空间置于主导风向的风影区，保证其具有良好的自然通风潜力。在立面设计阶段，根据表面风压条件、内部热压条件分析，优化立面通风口设置位置、面积和开启方式，提高建筑内部的空气流动效果。同时，在通风设计与建筑外形设计有机结合的基础上，采用适当的通风构件。这样，在春秋两季，大部分功能空间能够通过门窗形成良好的通风路线，有利于室内自然通风。

高大空间公共建筑基于自然通风的门窗洞口设计，有利于调节室内的热舒适环境，提高建筑的能源使用效率。由于高大空间的大进深影响自然通风设计难度，通过在建筑的正压区与负压区同时设置门窗洞口，可以引导穿堂风，而高低开口则可以创造烟囱通风。

烟囱通风取决于进出风口的垂直距离，因此在高大空间中效果显著。为了获得最佳的自然通风效果，通风开口应设置在靠近地面处，出风口可兼作天窗或高侧窗。三亚火车站位于海南三亚，处于热带气候区，其南北立面设置可开启电动窗，窗户打开时，东南向的夏季主导凉风由南侧较低的窗户进入室内，穿堂风参与室内空气的热循环转变成热空气，由北侧屋顶天窗和高侧窗流出室外，形成火车站内部的自然通风。

烟囱通风也取决于进出风口的温差。太阳能烟囱利用太阳能加热建筑上部烟囱中的空气，在不升高室内气温的前提下，增大进出风口的温差，加强自然通风的效果。英国伦敦的斯特拉特福德地方车站（图2-41），其内部的高大空间运用太阳能进行自然通风，太阳辐射热使屋顶表皮的温度升高，室内空气就会通过屋顶空间形成烟囱效应，从屋顶缝隙中排出车站[5]。

为了更加准确地设置通风口的位置与面积，宜运用通风软件进行室内通风模拟。广州白云国际机场二号航站楼采取节能环保为导向的绿建设计。由于广州市风力资源不足，为了促进自然通风以降低夏季的空调能耗，应用CFD流体力学软件优化建筑的平面布局，并确定玻璃幕墙的可开启的位置和面积[6]。

体育场馆的核心空间是观众厅和比赛场地，在为观众提供较好的视听条件的同时，也需要为运动员提供安全的比赛场地。单面布置的观众看台，另外三个界面上都有大面积进出风口，最有利于自然通风。双面布置的观众看台，如果另外两个界面进出风口的方向与主导风向一致，就有助于自然通风。三面布置的观众看台，将进出风口设置在没有看台的一侧，并且方向与主导风向

图2-41 斯特拉特福德地方车站

一致，也具有良好的通风效果。四面布置观众看台的比赛厅容易构成一个大面积的静风区，首层外墙尽可能设置进出风口，可减少盆地效应，改善场馆的物理环境。

会展建筑的核心空间是展览和会议空间，属于高大空间。相比较于体育和观演建筑，会展建筑的立面设计不受制于观众席的设置，立面通风口的位置和面积的选择性大，有利于自然通风。由于会展建筑出入口数量较多，门窗的开启是室内气流组织的重要影响因素。

观演建筑的核心空间是观众厅，主要功能是视听使用，它为公众提供文化表演与活动的场地。观众厅空间完整封闭，声学设计要求极高，一般不采用自然通风的方式。根据高大空间的空间特性，基于室内舒适性和建筑节能的要求，观众厅普遍采用置换通风的方式[7]。

在设计中需要依靠表面风压条件、内部热压条件分析，优化通风口设置位置、面积和开启方式等，提高空气流动效果。此外，基于新版《绿色建筑评价标准》生活便利对于智慧运行的要求，应在设计阶段充分考虑自然通风装置的运行控制策略，包括空调的开闭、与空调系统的配合等。例如，通风开口的即时控制是指将建筑智能管理系统应用于窗户的开闭，根据感应器提供的室内外气温、风速等信息改变通风口的开闭状态，控制自然通风的使用。

（1）进出风口面积比

为充分利用自然通风，可通过数值分析得到适宜南方地区气候条件的进出风口面积建议。在相对两侧通风的情况下，扩大窗户尺寸对于室内气流速度的影响很大。当进出风口开启面积比同时变化时，提高围护结构的可开启面积比，则室内平均空气流速随之呈指数上升，而当可开启面积比超过40%时，室内风环境便不会产生较大改善。当进出风口面积比等于1∶1（即进风口与出风口面积相等）时，室内的空气流速最为平均、稳定，室内风环境最好；当进出风口面积比小于或者大于1∶1时，室内平均气流速度基本保持不变，但是随着比值的不断增大或减小，室内气流速度越来越不稳定。

近年来建筑为了追求建筑立面的视觉效果与整体的设计风格，

外窗的可开启比有逐渐降低的趋势，造成房间自然通风不足，不利于室内的空气流通与散热，大大增加了建筑的能耗。自然通风在能改善室内空气品质的同时，也能带走室内多余的热量，改善室内热环境，增大人体舒适度范围，从而减少对空调的使用，降低建筑能耗。

（2）进出风口位置设置

会展建筑的核心区域是展览空间和会议空间，其进出风口的开设位置选择性大。由于会展建筑出入口的数量多，门窗是否开启对室内的气流组织影响巨大。观演建筑的核心区域是观众厅，空间完整而封闭，一般不采用自然通风系统。考虑到高大空间的空间特性以及舒适节能的要求，置换通风在观演建筑的观众厅内被广泛使用。体育建筑的进出风口设置受观众看台布置限制，通常布置于没有看台的一侧或是顶面，且看台的布置、通风口位置的设置应与周边环境风向相结合。此外，首层外墙上尽可能开设可通风的界面，以有效改善比赛环境。交通建筑进深大，且出入口的开合频次高，渗透风量大。因此在通风口/开窗设计时应根据风压分析进行优化，增加自然通风，降低空调能耗。另外，进出风口的布置应与室内外装饰装修风格相统一，避免"打补丁"。

三亚火车站处于热带气候区，南北立面部分玻璃幕墙设置为可开启的电动窗，窗扇开启时，来自东南向的室外夏季主导凉风从南侧窗户顺畅地进入建筑内较低的部位，形成穿堂风，经过室内空气的循环变为热空气从北侧较高的窗户及屋顶天窗排出室外，形成建筑的自然通风[45]。全年的大部分时间可以利用自然通风达到舒适的环境，而在极端恶劣条件下，建筑可以使用空调系统进行温度调节。三亚火车站房坡屋顶的三个制高点覆盖了主要的公共空间（进站大厅、出站大厅和售票大厅），所有大厅空间都是两层通高，从而使热空气自然集中上升至屋面制高点，并通过可开启的电动排风天窗排出，形成顺畅的循环（图2-42）。

南京禄口机场在设计优化中根据风压调整了开窗的位置和形式。优化调整之后开启窗扇较原方案减少了8.4%，但室内通风效果却大幅度改善，春秋季典型工况下，航站楼内部旅客活动区温度均不超过27℃，通风换气次数不超过2次/h。过渡季节可以有效减少空调使用时间近一个月，减少航站楼的空调能耗约2%。

（3）通风开启方式与运行

在对自然通风装置的运行和控制中，宜对通风开口进行即时控制，将开启模式纳入建筑智能管理系统中，根据感应器所提供的室内外气温、风速和二氧化碳浓度信息来改变通风开口闸门的开闭状态。从节能与舒适的角度出发，适合夏热冬冷地区的通风策略为：冬季在满足最低新风量的情况下减少通风；过渡季节适当开窗通风，在开启带走热量与关闭保存热量中取得平衡；夏季在自然通风不能满足舒适度要求的情况下，白天采用空调降温，在夜间室外温度较低的情况下加大通风，延迟第二天开空调的时间。

此外，当自然通风无法满足通风需求时，应根据高大空间公共建筑的特点优化气流组织方式，选择合适的自然通风与机械通风相结合的混合通风方式。混合通风是指不同时间段分别利用自然通风节约能源和机械通风控制精准的优势，取得舒适的室内环境的通风系统。它可以在自然通风与机械通风两种模式之间相互切换，用最小的能耗获得满意的室内环境。混合通风按照工作原理分为三类：自然和机械通风分段使用、风扇辅助的自然通风、基于风压和热压辅助的自然通风。在室外风速较低或室内温度较高的情况下，可以采用风机对一侧风道进行机械送风，进一步增强空间内的通风，带走多余的热量。

重庆江北机场 T3A 航站楼空调系统采用区域变风量系统，在满足舒适度的同时降低空调风系统的输送能耗，并结合航站楼高大空间的建筑特点，采用分层空调等先进的设计手段优化气流组织形式，在热舒适环境的前提下，减少空调处理能耗。通过优化

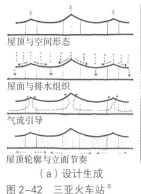

屋顶与空间形态

屋面与排水组织

气流引导

屋顶轮廓与立面节奏

（a）设计生成　　　　　（b）进站厅内景

图 2-42　三亚火车站[8]

设计，采用适宜的通风方式：大量采用机械送风、上部侧窗自然排风的混合通风方式。利用热压与正压作用，在上部自然排风，既减少上部空间热堆积对人员活动区域空调负荷的影响，降低了空调处理能耗，又减少了机械排风系统的使用，节约了运行能耗。而且能通过改变上部排风窗的开启数量，满足不同季节的使用需求，能在室外温度适宜的条件下，充分利用室外空气作为"免费冷源"，缩短冷水机组的开启时间，减少空调能耗。

2.3.2.2 自然采光与遮阳设计

由于自然采光与热辐射相伴，因此设计时应统筹考虑自然采光与遮阳的双重需求，兼顾光环境和热环境的舒适性，并降低能耗。建筑的自然采光与遮阳设计需要综合考虑建筑的日照、采光和通风，结合建筑类型和功能空间对环境舒适和视野的要求，避免照度过度不均匀造成的眩光问题，并综合分析南方地区的夏季遮阳与冬季得热，节约照明能耗，改善室内外物理环境，并促进室内外的信息交流。

高大空间大进深的空间形态影响了自然采光的效果，内部空间的采光设计要将遮阳与热环境设计结合起来。立面的大面积玻璃幕墙有利于自然采光，但太阳辐射热造成了严峻的节能问题。在功能流线方面，交通建筑的不同区域存在差异化的光环境需求，旅客的流线组织对光线导向性也有较高的要求。

（1）窗墙比

窗墙比对自然采光与热辐射影响较大。研究发现，不同朝向的窗墙比对制冷、采暖、照明总能耗的影响程度不同，其中东、西向的窗墙比影响最大，北向次之，南向最弱，因此可适当放宽南向房间的窗墙比。此外，还可根据具体气候特征计算出各朝向的窗墙比建议区间。以夏热冬冷地区为例，在满足人体热舒适度和基本照明要求的情况下，当南向窗墙面积比为0.45，各方向综合窗墙面积比在0.2~0.3区间时，全年建筑能耗可以降低至最小值。

（2）采光位置

高大空间的采光依据位置设置的不同可分为侧向采光与顶面采光。

①侧窗采光

侧向采光常见的为玻璃幕墙，虽然对采光和视野有利，但也会导致大量热辐射，影响热舒适和节能效果。因此，侧向采光需要结合遮阳、视野、能耗等因素综合考虑，通过优化侧窗玻璃大小及可见光透射比来改善采光效果。

为了营造舒适的室内光环境，高大空间公共建筑常通过玻璃幕墙等措施引入侧面采光。侧向采光需要综合考虑遮阳、围护结构的节能和视野等因素，通过优化侧窗玻璃面积大小和可见光透射比的方式来改善自然采光效果。南京南站主站房的屋顶设计综合分析室内空间、结构形式和自然采光，选用上下两层的重檐屋顶。上层屋面对应室内的中央通道，抬高至 27.2 m，下层屋面室内净高为 17 m，对应候车大厅[9]。重檐屋面上下两层均匀分布着条状天窗，屋面衔接处布置了高侧窗用于采光，在减少人工照明能耗的同时，改善了室内的自然采光条件。

②顶面采光

除了侧面采光外，对于大进深特征的高大空间而言，顶面采光也是重要的采光途径。针对建筑中部不可利用侧窗采光的高大空间，可以结合建筑造型设置顶部天窗改善室内光环境。自然采光的天窗形式主要包括矩形天窗、锯齿形天窗和平天窗。矩形天窗可以得到均匀的室内光线，两个可开启的窗扇还有利于夏季的通风散热。加大矩形天窗的宽度，可以增加平均照度，改善光照的均匀性。锯齿形天窗属于单侧顶部采光，倾斜的屋顶作为反射面增加了光照强度，提高了采光效率。南向锯齿形天窗适用于太阳能采暖建筑，可有效降低建筑的采暖负荷，但应当采取措施避免眩光；北向锯齿形天窗易于获得照度均匀的天空扩散光，避免阳光直射。平天窗的采光效率最高，且布置灵活，但在冬夏季的极端天气下性能较差，仅可用于季节性间断使用的高大空间公共建筑。此外，还应考虑采光天窗的尺度与间距，使室内自然光环境具有一定的均匀性。

顶面采光的形式应与屋顶设计相适应。对高大空间而言，屋顶跨度大，其形式直接影响到空间的氛围，采光屋面对于有效利用自然光减少照明能耗，创造通透、轻盈明亮的室内空间有着最为重要的作用。但由于夏季太阳照射的角度较高，对于水平式透光天窗的热辐射强度比接近垂直面的透光窗要大很多，容易使得太阳辐射过高，因此屋面透光部分的面积、透光间距与分布，以及与透光部分的角度均须精心设计，寻求采光、舒适、能耗之间的平衡。

例如墨尔本大学设计学院中庭顶部透光部分由 6 m 长、22 m 宽的预制玻璃板组成，支撑这些玻璃的是由单板层积材（LVL）组成的木箱梁，这些木箱梁不仅增加了屋顶结构的刚度，减少了材料的内含碳排放，同时也起到调节光线的作用。屋顶整体开口朝南，在引入柔和的自然光的同时阻隔直射阳光，部分天窗可开启，可以引导自然通风。屋顶的木材从顶部延续下来，与中庭内部其他材料风格融合，创造出明亮且充满活力的共享空间。

2010 年广州亚运会武术馆运用计算机技术推敲确定了屋盖的几何形状与参数，将体育馆外壳分解成 9 个曲面片层单元，各单元之间裂缝为室内提供充足的自然光源。体育馆的设计充分考虑了赛后的多功能需求。比赛厅屋盖"S"形天窗为室内带来了充足的光源，内侧的电动遮阳卷帘系统，使得从天窗进入室内的光线得到有效调控。从实际运营效果看，可控的自然采光技术，可以满足体育馆赛后不同功能之间的转换。

淮安市体育中心在工程设计策略和方法上，充分采用自然采光等适宜技术，体育馆和游泳馆综合体将建筑层层错开的屋面和天窗设置相结合，其中体育馆大厅屋面均匀分布 4 条采光带和 10 个采光口（图 2-43）；游泳馆大厅屋面则均匀分布 18 条采光带，通过北侧天窗为室内引入自然光（图 2-44）。利用虚拟建造、

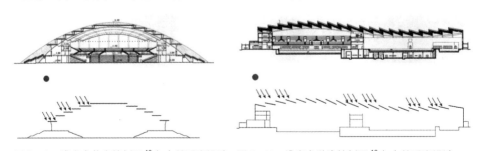

图 2-43　淮安市体育馆剖面[10]与自然采光设计　图 2-44　淮安市游泳馆剖面[10]与自然采光设计

BIM、室内微气候分析等手段，量化自然采光对室内光热环境指标的影响，实现建筑方案的精准优化。

武汉光谷体育馆具有功能复合的特征，具有举办体育赛事、体育教学和大型群众集会活动的功能。设计中采用了比赛厅和看台区对应屋盖之间的高差，形成 4 条天窗采光带。在比赛厅屋盖设置了 16 个采光口，解决室内的采光问题，并通过光线的折射解决眩光问题。

中山体育馆是华南地区第一座大面积天窗采光的体育馆。屋盖在设计上将造型变化与天窗采光相互融合，4 条采光带形成了充足的室内光源。主馆两侧的辅助用房通过 4 个采光中庭的置入，保证平台下方大部分辅助空间的采光需求。

南京南站屋顶设计整体考虑结构形式、室内空间及自然光采光计算的成果，最终采用上下两层的重檐形式。上下两层屋面均匀布置了条状采光窗，并在两层屋面之间的衔接处设置了采光的高侧窗，用来改善候车层的自然采光条件，减少人工照明的需求（见图 2-45）。

南京禄口机场在航站楼主楼顶部结合屋顶造型设置了 8 条天窗，在两侧长廊的顶部分别增设了长条形采光天窗。在增加了天窗之后，室内的采光效果得到了改善，平均采光系数提高了 15%。

广州白云国际机场二号航站楼结合空间尺度及平面功能对项目中的典型功能空间进行自然采光专项设计。航站楼出发大厅上空屋面均匀设置采光天窗（图 2-46），每年节约用电量约 280 万 kW·h，约占照明总用电量 20%。

图 2-45　南京南站站台层 [11]

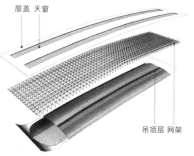

图 2-46　广州白云国际机场办票大厅吊顶采光 [12]

（3）采光与遮阳调节

　　除了调整采光口的面积外，还可利用附加构件、特殊采光材质等对采光与遮阳进行综合的调节。从采光的角度而言，在开口面积有限的情况下可以考虑设置反光板，结合造型增加光反射，在改善室内的自然采光效果的同时也削弱了热辐射。从遮阳的角度出发，百叶、遮阳板等构件的设计宜结合光热传感器或模拟计算日程设置进行可变式调节，增强采光强度的可调节性；还可采用电致变色玻璃、高热阻高透明玻璃、依据光波波长屏蔽红外线的材质等新型透光材质，使得在减少热辐射的同时保障采光；此外还可使用挑檐等造型设计手段阻隔午间高度角较高的直射阳光。

　　例如，2008年北京奥运会羽毛球比赛馆利用屋面环形采光带，为室内引入充足的自然光。采光带内侧设置了可控遮蔽装置，实现了采光强度的可调节性，为赛后低耗能以及多功能运营奠定了良好的基础。2010年广州亚运会柔道摔跤馆在自然采光的设计上，通过在比赛大厅设置4个梯形天窗以及东西屋檐下的高侧窗获取自然光照明。借助对太阳运行轨迹的模拟，4个不同朝向天窗的遮阳板都根据各自的方位确定。通过控制遮阳板的尺寸和遮阳角度，来保证日间场馆可能使用的时间内，完全避免直射光进入赛场空间。广东省第三十届运动会主会场惠州奥林匹克体育场采用矩形和扭转矩形两种模块组合成简单而富于变化的幕墙，创造出类似"窗帘"的围护作用，使半室外空间在保证自然通风采光的前提下处于一个凉爽的空间里，从而提高了场馆空间的舒适性。

　　高大空间公共建筑的玻璃幕墙、外窗应采取外遮阳形式以减少直射入室内的太阳辐射热，外遮阳的形式包括遮阳卷帘、遮阳百叶和遮阳板等。遮阳与功能构件相互结合体现了建筑的集成设计，如在双层玻璃幕墙之间设置遮阳卷帘、机械控制的百叶就是外窗遮阳的一体化技术。高大空间公共建筑的天窗宜采用活动外遮阳设施达到自然采光、室内光热舒适和建筑能耗之间的平衡。三亚火车站屋面在南北方向深深的出檐给整个建筑提供了遮阳避雨的功能，屋檐出挑的长度随建筑立面高低而变化，入口处最大，曲线中点处最小。除了减少首层阳光直射，屋顶挑檐还可以起到遮蔽竖向的玻璃幕墙的作用，从而降低建筑内部的制冷负荷。在使用出挑的屋檐遮挡中午前后高角度的阳光之外，三亚火车站还采用竖向的木百叶立梃装置有效地遮挡清晨与傍晚的东西向阳光直射。

注释

1.邱小勇，钱方，张洁，等.鹏翼千里　汇盈广大：重庆江北机场T3A航站楼设计解析[J].建筑学报，2019（9）：69–73.

2.李妍竹.温哥华会展中心西馆，温哥华，加拿大[J].世界建筑，2010（8）：52–56.

3.曼谷新国际机场[J].世界建筑导报，2013（1）：100–103.

4.资料来源：曼谷新国际机场[J].世界建筑导报，2013（1）：100–103.

5.Wilkinson Eyre Architects Lad.斯特拉特福德地方车站，伦敦，英国[J].世界建筑，2006（6）：76–79.

6.陈雄，潘勇，周昶.新岭南门户机场设计：广州白云国际机场二号航站楼及配套设施工程创作实践[J].建筑学报，2019（9）：57–63.

7.李传成.大空间建筑通风节能策略[M].北京：中国建筑工业出版社，2011.

8.刘世军，山农，王瑞.现代交通建筑的地域精神：三亚火车站方案设计[J].建筑学报，2009（4）：67–69.

9.吴晨.历史传承　金陵新辉：南京南站主站房建筑设计[J].建筑学报，2012（2）：48–49.

10.资料来源：孙一民，陶亮，叶伟康，等.淮安体育中心体育馆，江苏，2009—2013[J].建筑创作，2012（7）：86–89.

11.叶伟康，汪奋强，陶亮.2010年广州亚运会武术比赛馆：南沙体育馆[J].建筑创作，2010（11）：132–145.

12.资料来源 https：//m.sohu.com/a/227310512_161325.

3 高大空间公共建筑绿色设计示例

3.1 东南大学四牌楼校区前工院中庭改造方案[1]

3.1.1 设计背景与项目概况

3.1.1.1 前工院概况

前工院位于东南大学四牌楼校区,前身为建于1929年名为"新教室"的二层教学楼,东南大学建筑学院的前身中央大学建筑工程系亦创建于此。"新教室"于1952年随着全国院系的调整改名为"前工院",并随着学校的发展于1987年被拆除,原址重建为公共教学楼。1987年设计的前工院是一幢平面呈"U"形的建筑,整体南北对称,东侧紧邻成贤街,主入口位于西侧,面向东南大学大草坪(图3-1)。南北两楼为六层通用公共教室,西侧以五层连廊相连,东侧为二层连廊,中间包含一个庭院(图3-2)。前工院的主立面以干练的线条、经典的比例、丰富的虚实处理而著称,成为东南大学四牌楼校区中最具有时代特色的建筑代表作之一。

前工院建筑高度22.4 m,东西方向长45.9 m,南北方向长62.9 m,总建筑面积10 700 m²。中庭的东西方向长31.5 m,南北方向长21.6 m,四周被六层的南北两楼、五层的西侧连廊和两层的东部连廊限定,与校园在一层由6.6 m宽的通道相通(图3-3)。2006年,前工院北楼划归建筑学院,用于本科教学与学生工作室,建筑学院对这座一直用于通用教学的教学楼进行了空间改造,主要将原先4~6层教室改为开敞大工作室,2~3层改为由"U"形玻璃隔断的小工作室。改造方案的前工院北楼1层可用于评图和展览,2~6层自上

图 3-1　前工院北侧鸟瞰，主立面

图 3-2　前工院中庭内部

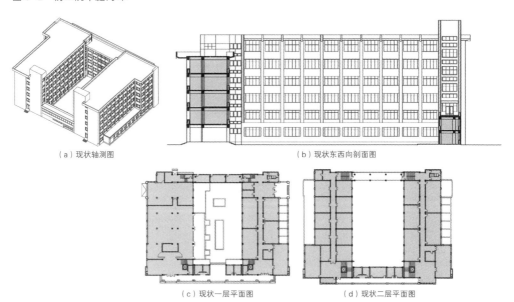

（a）现状轴测图　　　　　　　　　　　　　（b）现状东西向剖面图

（c）现状一层平面图　　　　　　　　（d）现状二层平面图

图 3-3　前工院现状

而下依次为建筑学院各专业本科一至五年级学生的设计教室。评图和展览空间设计了大量悬挂的活动隔断，可以调整隔板的位置以满足不同的功能需求。此后的十余年内，建筑学院随着规模的增长，仍存在着教学空间不足的问题。东南大学建筑学院作为国内一流的建筑学院，和其他同类院校相比，空间状况最为局促，体现在极度缺乏设计教学讨论空间和极度缺乏评图展示空间。

3.1.1.2 设计目标与设计理念

2018 年，前工院的南楼在部分院系搬离四牌楼校区后也划分给建筑学院以缓解教学空间紧张的情况。新划分的南楼空间目前为中走廊两侧分布通用教室，在功能形式上无法与建筑学院的教学形式匹配，因此需要重新翻新改造以满足建筑学院学科的教研空间。

功能上，建筑学院现有的展厅和评图空间使用较为紧张，急需进一步扩展；需增加模型室、讨论室、咖啡区、书店等功能以满足教学与学习生活的需求；同时需要一个承载容量更大的多功能厅，作为对现在中大院求是堂仅有 220 座的综合教室的补充，为举行更大规模的学术交流活动提供条件，因此对现有中庭进行加建改造以增加使用面积，同时又能更好地联系起南北两楼。

建筑性能上，前工院的改造方案需要通过合理的形体、高效的空间组织和构造设计，尽量利用自然通风与自然采光，在提升原有建筑环境和尽量减少负面影响的前提下，对大空间室内风、光、热环境舒适度进行优化，减少对暖通空调的依赖，在保证舒适性的同时降低能耗。

3.1.2 绿色设计思路与过程

3.1.2.1 原有建筑性能分析

（1）光环境分析

采用 Ecotect Analysis 2011 的 CIE 全阴天模型分析采光系数。建筑中主要功能为学生工作室，《建筑采光设计标准》

（GB 50033—2013）对其规定的采光系数不得低于3，同时南京市属于光气候区Ⅳ区，采光系数达标值为3.3。图3-4黄色区域代表采光系数大于或等于3.3的满足规范要求区域。

由图3-4可知：改造前，前工院除南北楼中部交通空间采光较差外，其余空间采光均满足采光系数要求。同时楼层越高，采光情况越好；相同楼层情况下，大空间工作室内采光情况优于划分为小空间的工作室。

（2）风环境分析

采用Phoenics 2009，根据Ecotect Analysis的气象数据，对窗户均开启的最佳通风情况进行模拟。分析前工院2层与5层学生工作室的主要使用空间风环境。

从图3-5（a）中可以看出，改造前南楼整体为公共教室，教室进深6.6 m，在不开门的情况下，教室内基本无风；中部走廊由于有东部窗户的进风，通风较好。前工院北楼2层被划分为小空间工作室，内部通风情况与南楼相似，在不开门的情况下基本无风；从图3-5（b）中可以看出，北楼5层无分隔大工作室形成了南北贯通的通风途径，通风情况最佳，靠近东侧窗户区域风速较快，平均风速为0.33 m/s。南楼工作室内整体平均风速为0.19 m/s，北楼平均风速为0.24 m/s，其整体平均风速为0.215 m/s。

Daylight Analysis
Daylighting Factor
Value Range: 0.00~3.30%

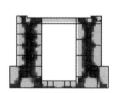
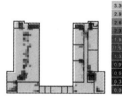

（a）改造前1层　　　　（b）改造前2层　　　　（c）改造前5层

图3-4　原建筑采光性能分析

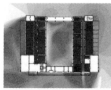

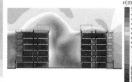

（a）改造前2层　　　　（b）改造前5层　　　　（c）改造前南北剖面

图3-5　原建筑室内风环境分析

根据图 3-5（c）来看，南北楼由于进深较大，划分为小空间不利于自然通风的组织，同时东立面窗户是室内通风的主要途径；中庭区域受到建筑体形的影响，风速快的区域集中在北楼南侧，中庭中部整体风速较慢，存在涡流现象。

因此，在功能允许的情况下，将南北楼内小空间改造为大空间或可灵活分割的空间对采光和通风都有改善作用。

（3）热环境分析

采用 EnergyPlus 为内核的 OpenStudio 模拟建筑热环境与单位面积能耗值，根据东南大学寒暑假和本科生在外学习的短学期安排确定前工院的建筑使用时间段，并根据《民用建筑供暖通风与空气调节设计规范》（GB 50736—2012）设定建筑室内空调系统工况：对人员长期停留的空间如工作室等，供暖温度定为 22℃，供冷温度定为 26℃；对人员短期停留的空间如门厅、走廊等，供暖温度定为 20℃，供冷温度定为 28℃。

参照《民用建筑能耗标准》（GB/T 51161—2016）并根据人均建筑面积与年使用时间修正后，可得到前工院的能耗指标设计约束值为 110.5 kW·h/（m²·a），引导值为 86.8 kW·h/（m²·a）。根据各项参数模拟冬季在满足最低新风量的情况下保持最低换气频率，过渡季节及夏季采用最高换气频率自然通风情况下全年工作室室内温度。

从图 3-6 可以看出，12月至次年 1 月中，由于冬季工作室通风较低，工作室内比室外约高出 10℃，白天温度在 10℃~15℃，需开启空调进行补充；3—4月及 10—11月部分日期温度较舒适

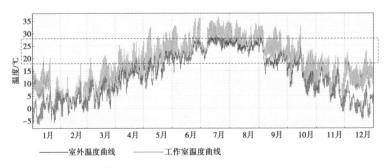

图 3-6　原建筑热环境分析（设计团队绘制）

温度偏低，应控制开窗频率在最低和最高换气次数之间，使得室内温度达到舒适度要求；5 月、6 月、9 月大部分时间段及 4 月和 10 月中部分日期在自然通风最强时温度仍超过舒适温度，需要开启空调制冷调节。可见，前工院空调使用的主要能耗集中在冬季供暖及夏季制冷，降低能耗潜力最大的途径为加强夏季及部分过渡季节自然通风，减少对空调制冷的依赖。

3.1.2.2　建筑空间的绿色设计

（1）基于环境协调的形体与空间改造

在前工院整体划归建筑学院使用后，建筑将沿用原有建筑对称严谨的格局，在保留原有南北楼入口的同时，新的仪式性的主入口设置在建筑的正中。设计中优先考虑环境的整体性，由外向内、由整体向局部寻求建筑与环境的协调与整合。新建大空间以不突破原有建筑为前提，中庭部分改造范围受到严格限定：南、北、西侧以现有建筑为界，东侧可以将 2 层连廊拆除，大空间高度不宜高于 5 层，以免影响西侧立面，同时大空间的东立面直接面向成贤街，将成为学院新的展示窗口。设计从形体与环境的关系出发，积极利用自然，通过适度的技术达到建筑与环境有机结合的目的。对自然气候的利用自上而下贯穿于空间组织与构造设计中，合理组织大空间与原有建筑的关系，使原有建筑为大空间提供遮阳和天然的隔热保温界面并降低大空间体形系数。

前工院的大空间设置在中庭中，原有建筑成为大空间的"表皮"，原有建筑整体良好的蓄热、隔热性能也为大空间提供了天然抵御外部气候变化的屏障，同时大空间也将成为原有建筑的缓冲空间，使得建筑内部温度波动减小，降低空调负荷。高大空间由于受到南北两楼与西侧连廊的包裹，与外界空气直接接触的表面仅有顶面和东立面，为高大空间提供了天然的气候屏障。多功能空间整体为学生交流活动的中心，因此设置在 2 层以上，多功能空间顶部的高度有设置在 4~5 层间与设置在 5~6 层间两种方案，室内效果分别如图 3-7（a）（b）所示。可以看出，顶部设置在 5~6 层间时空间感受更加开敞，同时屋顶的提升有助于大空间内创造更立体的活动平台，便于不同楼层内学生的交流，同时也为举办大型活动时的视线组织提供了便利。因此将大空间屋顶设置在5~6层间，结构高度控制在5层与6层窗户之间，减少对南北两楼的视线影响。

（2）基于灵活可变的功能组织

建筑学教学对空间存在着多种需求，如讲课、研讨课程（Seminar）、设计实践课程（Studio）就对空间有着从大到小的不同需求，未来随着技术的发展，建筑学教学的授课模式、空间需求也会随之变化。灵活可变的功能不仅能提高空间的使用效率，满足目前所需要的使用功能，更能为未来的发展提供更多的可能性，减少因功能变化而产生的不必要的拆除、重新装修过程中的碳排放。在功能布置上，增加的展厅和评图空间是以北楼展厅的延续，对称设置在1层。同时需要布置在底层的还有模型工场和构造展示的功能，考虑到模型工场有采光的需求，将模型工场设计在东侧。南北两侧采光较好的空间设计为可灵活划分的教室。

共享的高大空间部分设置在2层以上，主门厅内有两部楼梯可以直接到达大空间底部活动平台。主席台设置在大空间西侧，东侧设计从2层逐渐爬升到4层的大台阶，联系起南北两楼和不同楼层。多功能活动区域既可以满足举行大型学术、文艺活动的需求，又可以提供交流、休息、小型模型展示的空间，在平时为学生的活动创造出多种可能性（图3-8）。改造后的中庭不仅是功能的载体，更提供一个共享的交流空间，便于院内学生跨专业、跨年级合作交流（图3-9）。

（3）中庭的过渡空间作用

夏热冬冷地区的建筑低碳设计策略有：冬季采用被动式太阳能采暖策略；过渡季针对不同的温湿度可以采取自然通风、热质

（a）在4~5层间 （b）在5~6层间

图3-7 多功能空间顶部的高度设置方案比选

量效应、间接蒸发冷却降温策略；夏季主要采用自然通风策略。

前工院多功能大空间整体通透，建筑实体部分较少，相比于大空间不足以构成大热质，因此不适用热质量效应策略；同时由于中庭空间总体低于南北两楼，加强热压通风会引起热空气灌入两侧工作室，因此不适用增强热压通风的策略。结合前文夏热冬冷地区对建筑被动式调控策略的分析，可以得到适宜前工院中庭的设计策略：冬季、过渡季低温时采用被动式太阳能采暖，过渡季高温时采用自然通风策略，必要时采用机械送风增强通风。

前工院中庭空间将成为南北两楼工作室的热环境缓冲体：冬季大空间内吸收较多热量，为南北楼抵御严寒；夏季增强大空间内自然通风，以促进南北楼通风。

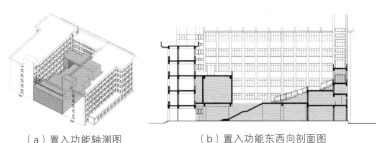

（a）置入功能轴测图　　　　（b）置入功能东西向剖面图

图3-8　中庭功能置入

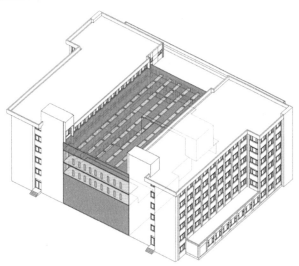

图3-9　参照建筑轴测图

3.1.2.3 建筑界面的绿色设计

（1）基于光热平衡的屋顶天窗角度优化

前工院中庭作为建筑中的核心区域，不仅需要为学生的各项活动提供明亮的室内空间，更要创造出舒适的环境。屋顶作为最直接的天然采光的来源，同时也是建筑得热的重要因素，因此在创造出通透明亮的中庭空间的同时，也应尽可能减少太阳辐射。考虑到夏季太阳照射的角度较高，对于水平式透光天窗的热辐射强度比接近垂直面的透光窗要大很多，易使得太阳辐射得热过大，因此屋面透光部分的面积与透光部分的角度应考虑光热平衡进行优化设计。

前工院中庭屋顶结构长方向跨度 15 m，短边跨度 6.6 m。将屋顶划分为 3 m×3.3 m 的网格，其间设置 55 个可针对不同季节和不同时段调节采光与通风的天窗（图 3-10）。方案在满足室内采光要求的前提下，将水平天窗改为北向天窗，并研究天窗在不同水平（东偏南偏转的 5°、10°、15°、20°）和竖直（30°、45°、60°）方向角度（图 3-11）下满足大空间 300 lx 照度的时长与得热情况，以确定天窗偏转角度合理取值范围（图 3-12）。

从图 3-12 中可以看出，在天窗水平投影面积不变的情况下，随着天窗竖直角度从 30° 到 60° 不断增大，天窗得热量与满足照度的小时数均随之减少。在竖直倾斜角 60° 的情况下，水平倾斜角对照度影响不大，对天窗得热量的影响较大，不同倾斜角相较于无倾斜情况能减少 22% ~ 32% 的得热量。随着水平偏转角的增加，得热量先下降再上升，在偏转 10° 时达到最小值，原因是东偏南的偏转角度阻挡了天窗受到西面的太阳辐射。综合考虑下，天窗角

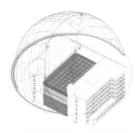 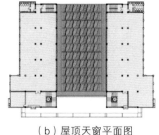 

（a）屋顶天窗光热平衡设计　　　　（b）屋顶天窗平面图　　　　（c）天窗单元

图 3-10　屋顶天窗设计

度选取竖直方向与水平面夹角 60°，水平方向东偏南 10°。

对屋顶天窗进行光热平衡设计后，建筑制冷能耗相较参照建筑明显下降，减少能耗 14.6%，照明能耗略有上升，制热能耗与室内设备能耗没有变化。前工院使用阶段每年每平方米碳排放量比调整前降低 8.2%，比改造前降低 14.2%。

（2）立面开启面大小与位置优化

前工院中庭东立面紧邻成贤街，东立面不仅是重要的通风采光面，改造后也是建筑学院向社会直接展示的窗口。考虑到建筑的形象和对东侧阳光遮挡的需求，对东立面采用水平与垂直方向的固定综合遮阳。遮阳板形式简洁，采用与前工院两楼相同的干粘石材料，保持建筑整体风格的统一。

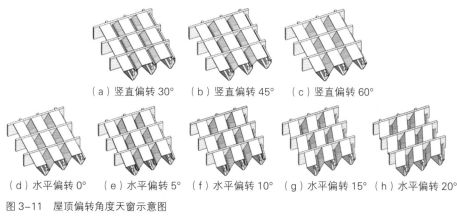

（a）竖直偏转 30°　（b）竖直偏转 45°　（c）竖直偏转 60°

（d）水平偏转 0°　（e）水平偏转 5°　（f）水平偏转 10°　（g）水平偏转 15°　（h）水平偏转 20°

图 3-11　屋顶偏转角度天窗示意图

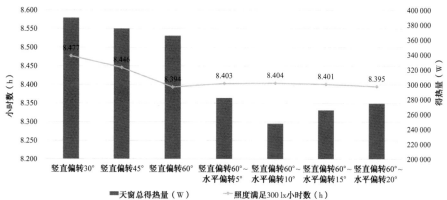

图 3-12　大空间天窗总得热量与照度满足 300 lx 小时数光热平衡图

　　此外为保证东立面进风，将东立面的可开启面积由东立面面积的 10% 增加至 30%，并且在同样的开启面积下，比较增加开启扇宽度与增加开窗高度的效果（图 3-13）。两种窗户开启位置的不同对于大空间底部通风情况差别不大；大空间进风口部分，增加高度的风速较增加宽度方案减小，整体平均风速略有下降；大空间靠近北楼部分增加高度方案风速更快（图 3-14、图 3-15）。此外南楼内部的风环境变化不大，增大东立面进风面积对大空间和北楼的风环境均起到了改善作用。在进风口面积相同的情况下，增加进风口的高度比增加宽度对提升空间内风速和均匀程度更为

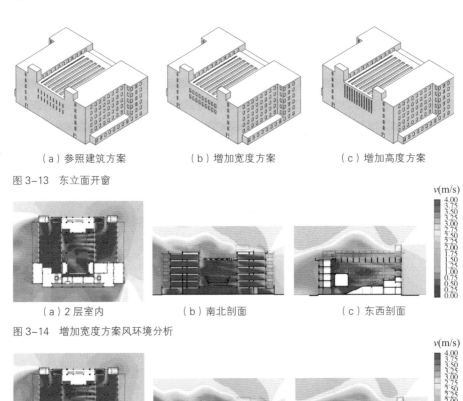

（a）参照建筑方案　　　　（b）增加宽度方案　　　　（c）增加高度方案

图 3-13　东立面开窗

（a）2 层室内　　　　（b）南北剖面　　　　（c）东西剖面

图 3-14　增加宽度方案风环境分析

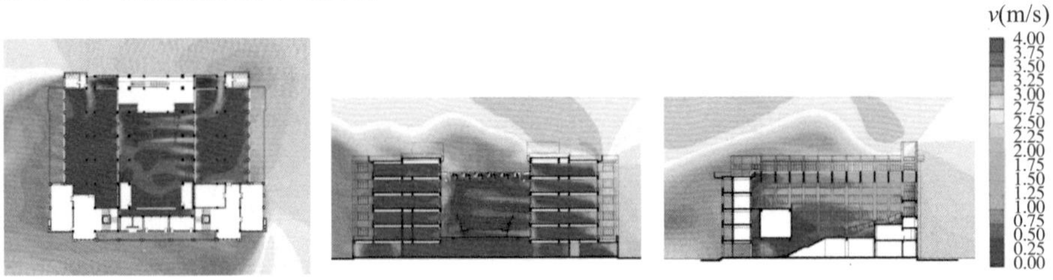

（a）2 层室内　　　　（b）南北剖面　　　　（c）东西剖面

图 3-15　增加高度方案风环境分析

有利，因此采用增加进风口高度的方案。

增强室内通风进一步减少了制冷能耗，在平均风速 0.40 m/s 的条件下，最高舒适温度为 29.0℃，共计 40 d 需使用空调进行调节。运用该策略后能耗比优化前减少 18.1%，比改造前减少 22.1%。前工院使用阶段每年每平方米碳排放量比优化前降低 10.2%，比改造前降低 16.1%。

（3）基于自然通风的顶部拔风筒和出风口设计

除了立面优化外，顶部设计了拔风筒和可调控的出风口，在中庭下部设置了 4 个与室外环境相通的庭院作为进风道，通过自然通风和机械通风的方式将新鲜冷空气从大空间下部引入，置换出热的、不新鲜的空气。进出风口位置设计见图 3-16。

通过对室内风环境进行模拟，研究发现东侧风道的增加能有效引导自然风从大空间底部进入，明显提高了底部人员活动区域的风速，绝大部分区域风速高于 0.5 m/s，并且从南楼吹入风的占比进一步减小（图 3-17），这表明人员活动区域空气新鲜程度也得到了改善。南北楼工作室内的风速均有所提高，工作室整体平均风速为 0.4 m/s。大空间西侧上下两处风口中风速均较高，可以说明风口

（a）进出风道轴测图

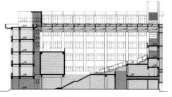
（b）进风口平面布置图　（c）进出风剖面图

图 3-16　进出风设计

（a）2 层室内

（b）南北剖面

（c）东西剖面

图 3-17　增加进出风设计方案风环境分析

的设置对大空间内自然通风途径的组织有重要的贡献。

顶部拔风筒和出风口设计通过改善自然通风减少了制冷能耗，比优化前减少 26.7%，比改造前减少 30.2%。每年每平方米碳排放量比优化前降低 15.0%，比改造前降低 20.6%。

（4）混合通风优化

针对高大空间的通风组织，通过适当增加迎风面有效进风面积和在大空间的顶部、底部增加通风口，能有效组织自然通风，适当辅助以机械通风能进一步增强通风的效果，提供新风的同时带走多余热量，减少对空调系统的依赖。同时从底部通过机械送入的新风还可以通过地道预冷等措施降低温度，具有进一步降低空间内热负荷的潜力。

通过对室内风环境进行模拟，大空间内部的新风主要来自东立面与东侧机械送风口，南侧吹出的风主要从屋顶排出。工作室整体平均风速为 0.46 m/s，大空间内平均风速为 0.62 m/s，建筑内风速得到进一步改善，部分空间已经超过改造前自然通风的风速（图 3-18）。

在该平均风速为 0.46 m/s 的条件下，最高舒适温度为29.3℃，共计 36 d 需使用空调进行调节。从全年来看，风机开启时间段不长，且与采用空调对大空间进行降温相比消耗能源较少。总体上，制冷能耗比参照建筑减少 31.9%，比改造前减少 35.2%，建筑使用能耗 87.69 kW·h/（m²·a），接近《民用建筑能耗标准》（GB/T 51161—2016）对前工院的能耗指标引导值86.8 kW·h/（m²·a）。前工院使用阶段每年每平方米碳排放量比参照建筑降低 18.1%，比改造前降低 23.4%。

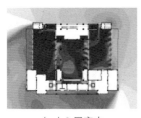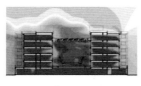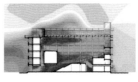

（a）2 层室内　　　　　　（b）南北剖面　　　　　　（c）东西剖面

图 3-18　增加混合通风方案风环境分析

3.1.3　改造项目性能效果比较

由图 3-19 可知，改造前，由于南北楼内被划分为小空间，整体风速较低。在加建大空间并将南北楼改为开放工作室的参照建筑的情况下，南楼工作室风环境得到显著改善，北楼工作室平均风速略有下降；在保持大空间迎风面开启高度不变、增加开启宽度的情况下，南北楼工作室风速均有较大提升，大空间内风环境也得到了改善；在保持大空间迎风面开启宽度不变、增加开启高度的情况下，大空间内和北楼的风速进一步增大；在大空间迎风面底部和背风面顶部、底部增加风道的情况下，南楼风环境明显改善，大空间内通风继续增强；在对大空间底部的进风口辅以机械送风的情况下，建筑内通风整体得到显著增强。通过增大大空间迎风面开启面积、合理设置开启位置、优化通风途径和采用机械送风辅助自然通风等措施，建筑内风环境与不采取任何优化设计的情况相比得到较大改善，更显著优于改造前风环境。从对风速的提升上来看，在大空间底部与顶部设置通风口最为有效，其次是机械通风混合自然通风，增大迎风面开启面积比也是提升室内风环境的有效手段。

综合不同优化方案下建筑使用阶段单位面积能耗与碳排放强度，得到图 3-20。可见，通过优化设计，建筑使用阶段单位面积能耗强度逐渐下降。改造前，前工院能耗为 110.63 kW·h/（m²·a），接近《民

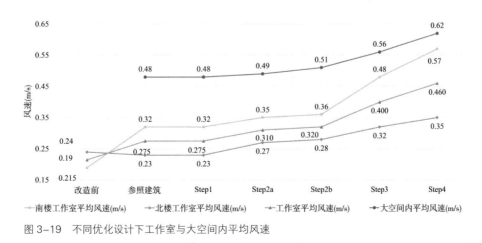

图 3-19　不同优化设计下工作室与大空间内平均风速

用建筑能耗标准》（GB/T 51161—2016）中 110.5 kW·h/（m²·a）的约束值要求。改造后，大空间对原有建筑起到了有效调节作用，单位面积能耗有所降低，其中制冷与制热能耗同时下降，由于大空间屋顶对原有建筑采光的削弱和大空间本身单位面积灯具能耗较高，建筑照明能耗略有提高。屋顶天窗进行光热平衡下天窗角度优化的方案与参照建筑相比，略微增加了照明能耗（1%）的同时大幅降低了制冷能耗（14.6%），使得单位面积碳排放值进一步减少。通过增加立面开启面积与合理设置开启位置、在大空间底部和顶部增设通风途径和采用机械通风混合自然通风对室内通风速度的提升，减少了需要使用空调进行调控的天数，从而减少了单位面积能耗。综合采用采光、通风优化策略后，建筑能耗为 87.69 kW·h/（m²·a），相比参照建筑降低 12.2%，接近《民用建筑能耗标准》（GB/T 51161—2016）中 86.8 kW·h/（m²·a）的引导值要求。采光、通风优化后的设计与参照建筑相比，制冷能耗降低 31.9%；与改造前相比，制冷能耗降低 35.2%。与改造前相比，首先是通风的增强提升了人的舒适温度，减少了对夏季空调制冷的依赖；其次是改造方案中大空间对原有建筑起到了气候缓冲作用，增强了原有建筑的热工性能，从而减少了能耗。

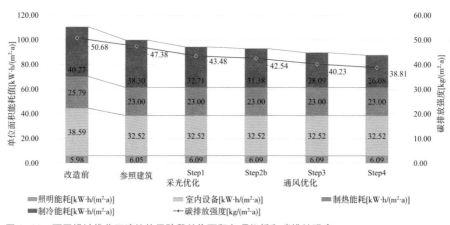

图 3-20 不同设计优化下建筑使用阶段单位面积各项能耗和碳排放强度

注释

1. 设计团队：张彤，冷嘉伟。性能模拟优化：李曲。

3.2 泸州市酒文化博物馆方案 [1]

3.2.1 设计背景与项目概况

3.2.1.1 泸州市酒文化博物馆方案概况

泸州市酒文化博物馆位于泸州市江阳区三星街国窖广场及凤凰山区域,地处泸州历史城区范围,山水形胜;东临长江,西靠忠山,远望沱江,南倚凤凰山,北临国窖大桥,是泸州市历史空间结构和城市发展框架的关键节点(图 3-21)。场地周边人文资源与自然资源丰富多样;场地内部依山就势,林木青翠,有国宝作坊、封藏大典广场、抗战防空洞遗址、博物馆旧址等重要历史人文资源。项目总用地面积 75 554 m²,其中含一期用地 64 280 m²,二期预留用地 11 274 m²。

图 3-21 项目鸟瞰图

3.2.1.2　设计目标与理念

设计原则包括整体性原则、开放性原则、标志性原则、生态性原则和体验性原则：①整体性原则。项目范围包括一期用地与二期预留用地，方案应结合场地高差、窖池保护、人防设施、自然植被、广场景观等整体综合设计。②开放性原则。项目作为泸州酒文化的展示场所，也是未来泸州重要景点之一，建筑形式和空间组织应具有与人及环境互动的属性。③标志性原则。建筑应满足经济适用、艺术美观、寓意深刻、内涵丰富、富有地域文化、与周围环境协调等要求，未来应作为泸州市重要建筑之一。④生态性原则。设计中应充分考虑地形特点和樟树保护等要求，综合利用和改造，注意保护自然山体，让建筑与自然融为一体。⑤体验性原则。结合博物馆前期展陈设计和流线设计等要求，围绕房间功能统筹考虑业态布局，注重展馆功能的特殊需求，合理安排观展流线，充分考虑各功能区的交通流线组织，强调酒文化博物馆的体验性。

酒文化博物馆融入了桥、塔、台、城的设计元素。场地内高差较大，建筑西侧出入口与基地存在近 6 m 高差，设计通过"桥"这一传统元素，将两者连接起来，既增加了游客空间体验感，也成为场地中重要的景观要素。行人可以通过"桥"从博物馆直达西侧封藏大典广场，也可以由广场区域步入东侧台地体验区（图3-22）。

博物馆西侧桥身之上设计景观塔，塔高约 52.43 m（15.73 丈），寓意"国窖 1573"，塔置于桥身之上，游客穿越桥的同时也从塔下经过，增加了空间的叙事性和戏剧性。塔身纤细，造型现代，塔身为灰色石材，顶部玻璃体夜间发光，可将酒文化相关的图像投射在上面。

该地块历史悠久、景色优美、树木繁茂，新建建筑应以低调、谦逊的姿态融入其中，因此采用依山就势、因地制宜、与山势相得益彰的设计策略。建筑以台地的形式逐级而上，与山势呼应（图3-23）。建筑地面主体为"L"形体量，布置在场地的西侧、南侧，环抱着台地区域。设计通过一系列手法打造出酒城意象，从远处

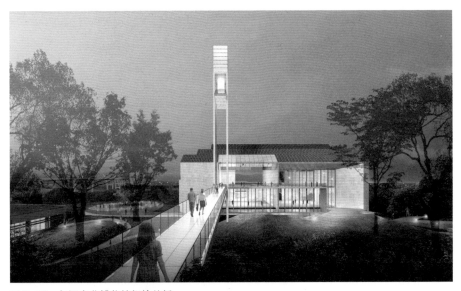

图 3-22 与酒文化博物馆相接的桥

图 3-23 台地形式的酒文化博物馆

眺望,屋面层层叠叠安静地置于山野之间,传达出绵延酒脉、层台流香的设计理念。

3.2.2 绿色设计思路和过程

3.2.2.1 规划与景观的绿色设计

（1）土地使用

对于有坡度的建筑场地,设计应当顺应地形,巧妙利用地形高差,减少土石方量,节约土地和造价。

酒文化博物馆选址在基地东南侧,地势高差大,地形较为复杂。从基地东南向剖切面看,从东侧道路起始,向西侧高度逐步抬高,高差近 20 m,坡度大约为 8°,东西向高差明显;从基地的南北向剖切面看,高差为 1 m,南北向土地较为平整(图3-24)。

设计中充分利用场地东西方向 20 m 的高度差,将整个地块分为 8 m、16 m、24 m 三个标高的台地,与山势相呼应。顺应地势的场地设计,最大限度地减少了土石方量,台地设计使上层建筑的室外场地与下层建筑的屋面平接,游客可以从平台区域穿越博物馆,直达西侧封藏广场。台地表面作为室外体验区与互动区,与室内展场一动一静、相互映衬,游客可以在室内参观完理论知识之后来到室外平台亲身参与到实践体验之中。台地通过交叉的坡道联系起来,成为场地内独特的景观要素。

合理利用地下空间,可以创造出对建筑保温隔热有利的因素,减少对场地环境的破坏,节约城市的土地资源。

针对泸州市夏季炎热的气候特征,酒文化博物馆将展厅布置在台地之下,将地下车库、库房等房间布置在地下区域。土壤具有良好的热工性能,可以减少展厅空间受外界温度波动的影响,有效地降低能耗。

（2）规划布局

合理的规划布局应当与地域环境相契合,将建筑与环境的综合质量作为目标,实现建筑与环境的协调统一。在深入勘测场地

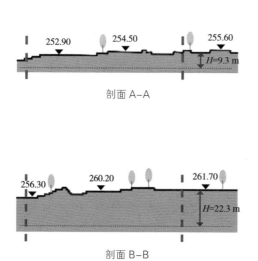

剖面 A-A

剖面 B-B

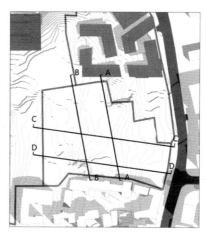

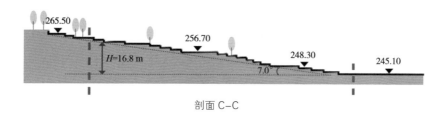

剖面 C-C

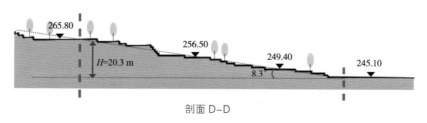

剖面 D-D

图 3-24　场地剖切平面

地形和场地内可利用资源的基础上，采取相应的场地设计和建筑、生态景观布局，减少建设过程对环境生态系统造成的破坏。项目充分考虑自然植被和人文建筑资源，并加以综合利用和改造，让建筑与地域环境融为一体（图3-25）。

　　基地北侧保留众多历史文化建筑，包含温永盛、鼎丰恒、洪兴和、永兴诚、春和荣等作坊，船山楼、龙泉井、龙泉洞口等历史遗迹，以及博物馆旧址。对于历史文化建筑和历史遗迹，按照不改变文物原状、完整性和最低干预的原则，以原状保护修缮为主，不做大量改动。场地内现状樟树共137棵，设计结合封藏大

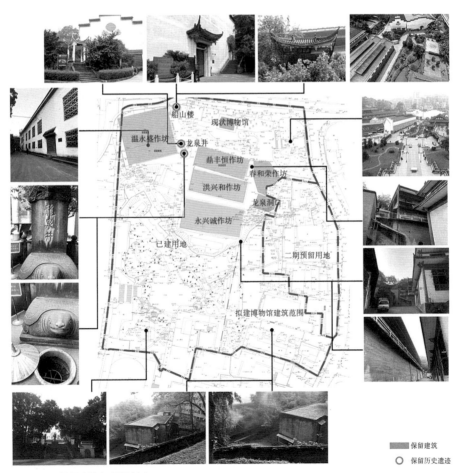

图3-25　保留建筑与保留树木

典广场的选址，采用就近移植的方式，对场地内的古树进行保护，共移植 38 棵。

基地南侧高差较大，地形地势较为复杂，酒文化博物馆在基地的东南侧，结合地势而建，将室内与室外联系起来，创造出一系列空间丰富的展厅。博物馆周边建成环境多样，仅有基地东侧与城市道路相接，在东侧形成场地的主入口；西侧是祭祀广场，是白酒文化公园的重要文化场所；南侧为居住组团；西北侧为场地保留建筑——永兴诚作坊及龙泉洞口等；北侧为基地的二期预留用地，后期进行商业建设。

（3）外部空间

营造公共活动空间强调建筑与场地的外部空间和城市公共空间的延续性和整体性，促进了建筑与城市空间的协调发展。同时，层次丰富且可达性好的公共空间，给城市生活注入了生机和活力。正如习近平总书记在成都视察时提出的那样："一个城市的预期就是整个城市就是一个大花园，老百姓走出来就像在自己家里的花园一样。"

酒文化博物馆的室外场地作为重要的公共活动空间，其外部空间设计遵循整体性、开放性、生态性和体验性原则。为营造更好的生态景观环境，设计拆除西侧原有的沿街门面房，形成步入场地的最佳视角，展现全新的城市山林形象。同时，打通原本被隔绝的城市界面，面向城市开放，提高文化公园的可达性，让市民能够从园外欣赏。体验性原则注重融入更多的公众参与活动内容（图 3-26）。

整个室外场地连接了酒文化博物馆、泸州老窖国宝作坊、二期文创休闲服务区和国窖文化体验区，形成功能完善、使用灵活、管理高效的有机整体。酒文化博物馆承担文化展示、民艺传播、团体交流等城市文化功能。泸州老窖国宝作坊承担国窖生产的生产功能、技艺和遗址展示的文化功能。二期文创休闲服务区补充区域设计中文创工坊、戏曲民艺和艺术教育的功能缺失；并作为公园的辅助系统，承担餐饮休闲、商务配套、游客问询、临时集散的功能。国窖文化体验区包含国窖广场、封藏大典广场、龙泉广场、风调雨顺广场和自然山林五部分，结合酒文化和场地特征塑造"醉花间""酒巷深深""醉翁之意"等意象。场地流线环套，视廊通透，景观层叠，形成丰富有趣的观光体验，营造出建筑与景观的整体氛围。

（4）景观和环境

场地微气候的营造有利于提升建筑的环境质量，改善场地的热环境，提高人们户外活动的热舒适性。微气候的营造包括三个方面：场地绿化、场地水体和室外景观设计。

场地的绿化有利于降低空气湿度，减少地表和建筑界面的长波辐射，改善场地的热环境。酒文化博物馆的室外场地，结合绿化平台设计叠水景观。水体蒸发吸热，带走建筑周边的多余热量，调控场地的气温与湿度。

由于泸州市属于南方地区，雨量充沛，景观水池和绿地作为场地中的"海绵体"，有效控制了雨水径流，保护城市的水生态，体现了绿色生态的理念。自然降水大部分汇入景观水池，经过处理用于场地景观灌溉，其余则下渗作为地下水的补给。

图 3-26　规划设计总平面与景观总平面

3.2.2.2　建筑空间的绿色设计

（1）功能组织

高大空间公共建筑内部应当包含两种及两种以上的共享化的公共服务功能。建筑内部的公共场所作为室外活动场所的补充，注重全时开放和各个季节的使用。交往休息场所与会议健身设施的共享化，可有效提升空间使用效率，最大限度地节约城市用地。提供与建筑主体使用功能相适应的公共场所，促进了市民的文化娱乐活动和日常交流。

酒文化博物馆一层设置了门厅、酒文化展厅以及临时展厅，并与东侧长江酒文化码头相联系，是泸州全域酒文化旅游的第一站；沿着门厅的大楼梯拾级而上可达二层，二层布置了占总体展览面积三分之二的泸州酒文化展厅；三层设置了酒城非物质文化遗产展厅与青少年互动展厅；四层则设置了文化体验系列展厅与报告厅，并与西侧封藏大典广场通过一个轻盈的桥连接（图3-27）。参观流线在博物馆内沿大楼梯组织，层层向上，清晰合理。

酒文化展厅是博物馆的主体建筑功能，青少年互动展厅、文化体验系列展厅和报告厅具有学术交流和文化传播的公共服务功能。博物馆的设计统筹考虑展时和展后两种模式，将青少年互动展厅、文化体验系列展厅和报告厅等作为共享场所，通过科学的管理向市民错时开放。由于展厅的内部活动具有共通性，可根据展览活动的不同需求，将展厅空间合并保证其高效使用。

后勤办公与库房等服务功能布置在博物馆内的夹层，既不影响参观流线又很好地满足了相应要求。博物馆地下一层主要设置停车库、博物馆卸货区和设备用房，同时服务博物馆观众、工作人员以及整个白酒文化公园游客，提升了使用效率，创造了便捷的交通联系。

（2）空间布局

空间气候梯度是指将空间分为严格环境调控核心区域、非严

图3-27 0 m、8 m、16 m、24 m 标高平面

格环境调控过渡区域和附属区域（图 3-28）。根据使用需求，对空间做合理布局，使对环境有严格调控的区域处于非严格调控区域和附属区域的叠层包裹之中，减少热交换。

酒文化博物馆的空间布局充分利用热环境分区的原理，将酒文化展厅作为严格环境调控的核心区域，将门厅接待等公共空间作为非严格环境调控的过渡区域，将楼梯间、电梯间和卫生间等作为附属区域。过渡区域和附属区域将酒文化展厅的功能核心区层层包裹，形成了良好的温度阻尼区，减少了展厅与外部环境的热交换。

（3）流线安排

高大空间公共建筑的流线组织应遵循安全耐久的原则，满足紧急疏散的要求。场地内的应急消防流线通过环绕建筑布置的车道覆盖博物馆全域。机动车从东侧城市道路入口进入基地内，并在机动车出入口附近设置了生态停车场和地下车库出入口。城市酒文化水上游览码头设置在东侧长江沿岸，因此，博物馆参观人流主要从东侧城市码头汇入地块内的窖池流香广场，再进入博物馆主入口。此外还有位于博物馆西侧并与封藏大典广场通过轻盈的桥连接的 24 m 标高参观次入口。办公入口位于博物馆西侧与山体相接的 16 m 标高层，货物入口通过地下车库出入口进入地

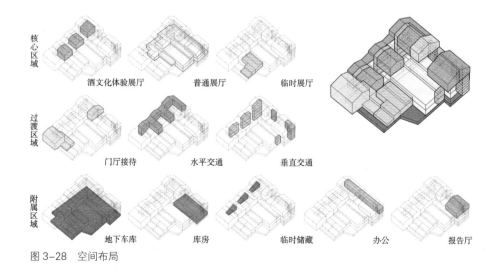

核心区域　酒文化体验展厅　普通展厅　临时展厅

过渡区域　门厅接待　水平交通　垂直交通

附属区域　地下车库　库房　临时储藏　办公　报告厅

图 3-28　空间布局

下卸货区。博物馆的客流主入口与贵宾以及后勤办公入口分开设
置，彼此互不干扰，流线组织井然有序（图 3-29）。

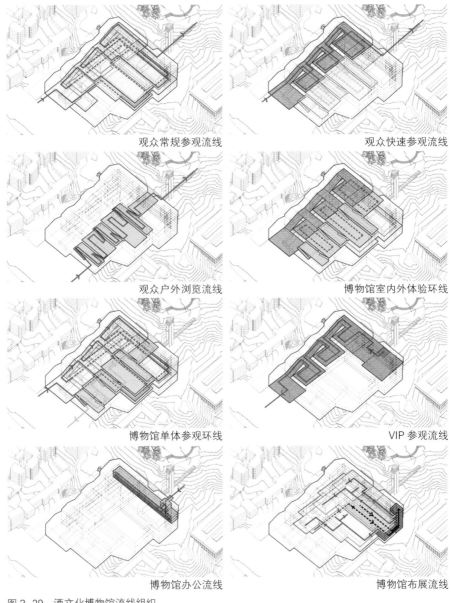

观众常规参观流线

观众快速参观流线

观众户外浏览流线

博物馆室内外体验环线

博物馆单体参观环线

VIP 参观流线

博物馆办公流线

博物馆布展流线

图 3-29 酒文化博物馆流线组织

（4）体形设计

合理的体形设计应当顺应当地的环境气候特征，有效调节室内的热舒适，降低建筑的能耗。采取合理的体形系数、适应性体量形式和地域性建筑风貌是体形设计的重要策略。地域性风貌设计要求采用因地制宜的建筑设计手法，体现地域性的建筑特色，传承当地的历史文化与风俗传统。

如总平面所示（图3-30），酒文化博物馆平面采用"L"形体量布局，最大限度地减少建筑热交换界面面积。同时尽量使外形平整，减少凹凸变化，达到控制体形系数的目的。建筑造型化整为零，将大体量尽量分解为小体量，减少对周边环境的干扰与压迫。从酒窖中提取出双坡顶为基本单元，通过单元的重复式组合，传达出酒窖众多的意向；根据地形将基本单元布置在不同标高之上，与山势相适应。屋顶错落变化，南侧走道空间屋顶降低，北侧展厅空间屋顶抬高，在组织出室内使用空间的同时也丰富了空间效果；局部屋顶增加玻璃天窗（图3-31），丰富室内光环境，且加强了室内外空间的互动。

3.2.2.3 建筑界面的绿色设计

设计合理的自然采光是绿色建筑被动式设计的重要措施，有利于降低建筑的照明能耗，创造健康的光环境。高大空间公共建筑的进深大，为了满足人们的生理和心理的健康需求，可采用天窗将自然光线引入建筑的室内空间。

酒文化博物馆的展厅部分以人工照明为主，采用A级防水透光膜作为面光源，打造出无影的室内效果。公共区域以自然光为主要光源，落地玻璃结合玻璃天窗营造出轻松灵动的室内氛围（图3-32）。屋顶结合建筑能耗模拟软件EnergyPlus进行了三种方案设计，通过不同方案建筑能耗与自然采光照度的综合分析，实现建筑界面的绿色设计。

（1）建筑模拟软件

EnergyPlus是建筑能耗模拟及负荷的计算软件，采用导热传递函数法计算建筑墙体的传热。由于EnergyPlus建模较为困难，设计研究采取EnergyPlus作为能耗模拟计算的软件，结合作为

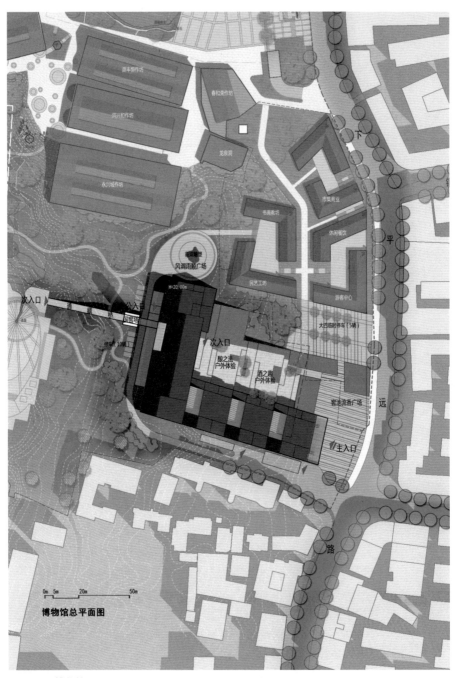

图 3-30 博物馆总平面

图 3-31 落地玻璃结合玻璃天窗的剖透视

图 3-32 自然采光的公共区域

SketchUp 插件的 OpenStudio 来建立模型。

（2）设计方案的基础参数设置

①基础模型

由于研究目的是对比不同建筑界面方案中的室内照度与建筑能耗，因此可以将建筑模型进行适当简化（图 3-33），以酒文化博物馆的入口门厅作为重点分析对象。在材料上选择上，将大型办公楼的默认材质作为除了研究变量之外的其他材质。

②参照设定值

酒义化博物馆内部的光热环境基准值根据国家规范和标准进行严格的设定。基于《建筑照明设计标准》（GB 50034—2013）中高大空间公共建筑的光环境要求，参照各类公共建筑的门厅或公共大厅的光环境设定作为设计方案中高大空间室内光环境的设定标准，即参考平面为地面，照度标准值为 200 lx。

③基于项目地理位置的气候参数的选择

EnergyPlus 的建筑能耗模拟分析的依据是 CSWD 的气象数据。本次设计选取的是项目所在地四川省泸州市的 CSWD 格式气象数据，泸州位于本书研究的南方地区。

（2）天窗采光与遮阳的变量设置

建筑界面的绿色设计方案包含三种，分别是在入口门厅和酒文化体验展厅的屋顶不设置天窗、设置无遮阳的天窗、设置有遮阳的天窗。从建筑节能的角度考虑，外遮阳的能耗低于内遮阳，因此有遮阳的天窗采取的是外遮阳百叶天窗，百叶参数见表 3-1。

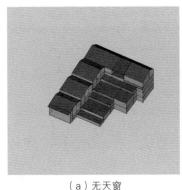 

（a）无天窗　　　　　　　　　（b）有天窗

图 3-33　无天窗与有天窗基础模型

表 3-1 EnergyPlus 百叶参数

叶片厚度	叶片间距	叶片宽度	叶片角度	叶片热导率
0.001 m	0.025 m	0.030 m	45°	200 W/(m·K)

（3）模拟计算分析与总结

根据 EnergyPlus 可得到三种方案中建筑的制冷负荷、制热负荷和照明能耗数据（图 3-34）。其中，无遮阳天窗的设计制冷负荷高于无天窗与有遮阳天窗的设计，因此在进行自然采光的天窗设计时，合理的遮阳措施必不可少，可有效降低建筑的制冷负荷；无天窗设计的制热负荷最低，天窗是否进行遮阳设计对建筑的制热负荷影响不大；天窗设计有效地降低了建筑的照明能耗。

酒文化博物馆的入口门厅属于高大空间，因此将入口门厅的自然采光照度作为研究对象，在 EnergyPlus 模拟计算得到的逐时照度数据中，选取夏至日和冬至日的数据进行分析，计算每个整点时刻的各个采光区域的照度算术平均值，最终得到三种方案入门门厅的平均照度随时间变化的趋势。

根据逐时照度数据（图 3-35、图 3-36）可知，大面积的玻璃幕墙提高了门厅的自然采光照度，无遮阳天窗设计的自然采光照度高于无天窗与有遮阳天窗的设计，但是建筑的整体制冷负荷较高，因此应采取降低能耗的外遮阳措施。

图 3-36 是冬至日入口门厅的平均照度随时间的变化趋势图，从图中可知室内的部分区域采光不足，宜结合门厅照度分布图（图

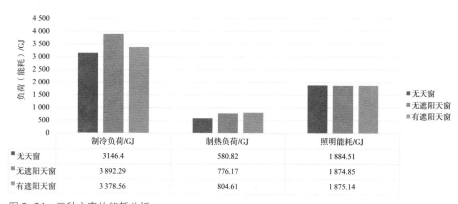

	制冷负荷/GJ	制热负荷/GJ	照明能耗/GJ
无天窗	3146.4	580.82	1 884.51
无遮阳天窗	3 892.29	776.17	1 874.85
有遮阳天窗	3 378.56	804.61	1 875.14

图 3-34 三种方案的能耗分析

3-37）综合分析进行人工光源的补充，提高室内照度的均匀性。

综合分析三种方案的能耗与照度，可以得出应采取有外遮阳的天窗设计，不仅可以保证酒文化博物馆内部入口门厅及酒文化展厅等高大空间的自然采光照度，也将博物馆的制冷负荷、制热负荷和照明能耗进行了有效控制，达到自然采光、室内光热舒适和建筑能耗之间的平衡。

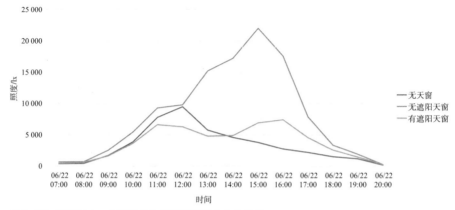

图 3-35　夏至日入口门厅的平均照度随时间的变化趋势

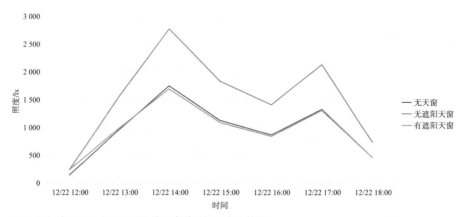

图 3-36　冬至日入口门厅的平均照度随时间的变化趋势

（a）无天窗　　　　　　（b）无遮阳天窗　　　　　　（c）有遮阳天窗

图 3-37　门厅照度分布图

3.2.3　设计总结

泸州市酒文化博物馆项目是典型高大空间绿色建筑的设计实践。项目基于整体性、开放性、标志性、生态性和体验性的设计原则，根据南方地区高大空间公共建筑绿色设计导则，分别从规划与景观、建筑空间和建筑界面三个层面对酒文化博物馆进行绿色设计。

在规划与景观层面，项目选址注重场地的安全性、生态适宜性和交通便捷性，位于泸州市江阳区三星街国窖广场及凤凰山区域。在土地使用方面，充分利用场地高差，合理改造坡地和利用地下空间。规划布局注重体现泸州的地域文化，与周围的环境协调。外部空间设计以白酒文化公园为载体，为泸州市民创造层次丰富且可达性好的公共活动空间。在景观和环境方面，以微气候的营造改善场地的热环境，针对泸州雨量充沛的气候特点，通过场地中"海绵体"的设置控制雨水径流。

在建筑空间层面，酒文化博物馆采取"L"形体量布局，控制体形系数。在功能组织方面，统筹展时、展后两种模式科学化运营，基于空间效率将展厅进行整合利用，且酒文化博物馆内部包含多种共享化的公共服务功能。空间布局充分利用热环境分区的原则，过渡区域和附属区域将酒文化展厅的核心区域层层包裹，减少了展厅与外部环境的热交换。流线安排遵循安全耐久的原则，高效有序。

在建筑界面层面，落地玻璃结合玻璃天窗的设计，为酒文化博物馆的公共区域提供自然采光，酒文化展厅的游客透过外窗实现与室外体验区的视线交流。

泸州市酒文化博物馆项目强调建筑师在绿色设计过程的主导作用，在设计初期融入绿色理念，实现了目标与效果为导向的绿色建筑设计。

注释

1.设计团队：冷嘉伟，李宝童，商源，文跃茗。性能模拟优化：徐菁菁，虞菲。

结语

高大空间公共建筑的绿色设计是我国绿色建筑设计体系中重要的一环，具有节能潜力大、设计相对复杂等特殊性。本导则充分契合了新修订的《绿色建筑评价标准》的主要精神，落实以人为本的设计理念，强调建筑设计全过程的把控，体现绿色建筑设计策略的层次性和设计过程中以重点考虑要素为导则编制目标。

本导则概述了高大空间公共建筑在空间形态、功能运行、气流组织、指标要求等方面具有的典型特征，根据南方地区气候特征和典型高大空间公共建筑的人员活动特点与使用模式，结合绿色设计的目标，研究确定合理的空间和环境性能需求，为构建针对南方地区气候特征的公共建筑绿色设计的理论方法打下基础。

在梳理现有绿色建筑设计导则基础上，本导则从规划与景观设计、建筑空间设计和建筑界面设计三个层面，建立南方地区高大空间公共建筑绿色设计导则，并结合案例进行说明，从而为南方地区高大空间公共建筑绿色设计工作提供有效指导。

在规划与景观设计层面，本导则从土地使用、规划布局、外部空间、景观和环境方面进行研究。土地使用应当基于高效复合的使用原则，利用集约化的布局提高土地使用效率，合理利用地下空间，利用地形改造坡地。规划布局应当基于被动式设计的原则，与地区的气候特征相适应，与城市的空间肌理相协调，与提高隔声降噪相统一。外部空间应当基于绿色建筑以人为本的理念，结合高大空间开阔的室外场地，营造可达性好的公共活动空间，室外场地采取人车分流的措施。景观和环境应当基于环境宜居的原则，营造良好的微气候环境，通过建设海绵城市保护生态环境（表4-1）。

表 4-1　规划与景观设计导则

规划与景观设计导则	土地使用	基于高效复合的使用原则	利用集约化的布局提高土地使用效率，合理利用地下空间，利用地形改造坡地
	规划布局	基于被动式设计的原则	与地区的气候特征相适应，与城市的空间肌理相协调，与提高隔声降噪相统一
	外部空间	基于绿色建筑以人为本的理念	营造可达性好的公共活动空间，室外场地采取人车分流的措施
	景观和环境	基于环境宜居的原则	营造良好的微气候环境，通过建设海绵城市保护生态环境

　　在建筑空间设计层面，本导则从功能组织、空间布局、流线安排和体形设计方面进行研究。功能组织应当基于高大空间公共建筑的运营特征，提高建筑使用效率，提供共享化的公共服务功能，灵活整合建筑功能，统筹规划建筑的运行模式。空间布局应当在保证人体舒适度的基础上，通过合理的热环境分区，并设置相应的分区温度的方式降低建筑能耗；针对高大空间公共建筑内部大体量空间、竖直贯通空间、单元空间的热环境特性，进行自然通风的空间布局；基于建筑不同空间使用需求，采取合理的剖面形态。流线安排应当基于安全耐久性考虑，符合安全疏散要求，根据不同人群的需求采取精细化的设计。体形设计以合理的体形系数、适应性的体量形式节约建筑能耗；基于因地制宜的原则，从结构选型与设计、建筑材料与色彩、自然采光与通风技术等方面，以地域性的建筑风貌设计，传承地域建筑文化（表4-2）。

表 4-2　建筑空间设计导则

建筑空间设计导则	功能组织	基于高大空间公共建筑的运营特征	提供共享化的公共服务功能，灵活整合建筑功能，统筹规划建筑的运行模式
	空间布局	·保证人体舒适度 ·针对高大空间公共建筑空间的热环境特性 ·基于建筑不同空间使用需求	·通过合理的热环境分区，并设置相应的分区温度的方式降低建筑能耗 ·进行自然通风的空间布局 ·采取合理的剖面形态
	流线安排	基于安全耐久原则	符合安全疏散要求，根据不同人群的需求采取精细化的设计
	体形设计	基于因地制宜的原则	以合理的体形系数、适应性的体量形式节约建筑能耗，从结构选型与设计、建筑材料与色彩、自然采光与通风技术等方面进行地域性的建筑风格设计

在建筑界面设计层面，本导则从围护结构和门窗洞口方面进行研究。围护结构遵循绿色低耗能的气候适应性原则进行屋面和外墙的保温隔热设计，基于健康舒适对于声环境的要求优化高大空间公共建筑主要功能房间的声环境。门窗洞口基于营造良好的室内光环境和室内热湿环境要求，通过优化立面通风口设置位置、面积和开启方式加强自然采光与自然通风（表4-3）。

表4-3 建筑界面设计导则

建筑界面设计导则	围护结构	• 遵循绿色低耗能的气候适应性原则 • 基于健康舒适对于声环境的要求	• 进行屋面和外墙的保温隔热设计 • 优化高大空间公共建筑主要功能房间的声环境
	门窗洞口	基于营造良好的室内光环境和室内热湿环境要求	通过优化立面通风口设置位置、面积和开启方式加强自然采光与自然通风

最后，本研究以两个南方地区高大空间公共建筑绿色设计方案为示例，对导则进行具体阐释，验证设计理论、设计策略、设计工具和技术在高大空间的建筑类型、南方地区气候条件下的准确性、实用性和系统性。东南大学四牌楼校区前工院中庭改造方案作为改造项目设计，详细展示了如何基于性能分析展开界面设计与优化；而泸州市酒文化博物馆方案作为新建建筑设计，基于导则的各部分要求展示了完整的绿色设计流程。示例进一步强化了对高大空间公共建筑绿色设计的过程性特性，为建筑师提供了具体的思路借鉴与引导。

本导则从建筑设计本源的角度出发，针对特殊的空间类型，在设计初期就将绿色理念融会贯通，从而有助于实现真正的绿色建筑。本导则的基本定位是尽量限定研究范围、注重过程性的引导和注重地域文化的精神内涵。尽量限定研究范围是指以高大空间这一特定建筑类型为绿色设计的主体，以目标与效果为导向精准攻关。注重过程性的引导是指面向建筑师和绿色建筑设计全过程，注重设计建造过程、运营策略和使用方面过程性的引导。注重地域文化的精神内涵强调因地制宜、就地取材，从绿色人文的角度探索传承转化的设计思路。

当然，高大空间公共建筑在设计时也应注意适度原则，一味地追求"高大上"而忽略了实用性与经济性的做法本身也违背了绿色可持续发展的理念。多做减法的轻量化设计，避免出现无谓的高大空间，这本身也是高大空间公共建筑绿色设计导则的要求。此外，结构材料、施工构造以及其他各专业工种的先进技术与配合等方面内容虽在本导则中涉及不多，但对于绿色设计的真正落实也具有不可忽视的重要作用。

　　总之，本导则从建筑设计本源的角度出发，针对特殊的空间类型，在设计初期就将绿色理念融会贯穿，从而有助于实现真正的绿色建筑，并为实现国家"碳中和"以及可持续发展贡献自己的力量。

致谢

本导则是"十三五"国家重大专项"目标和效果导向的绿色建筑设计新方法及工具"子课题三"南方地区高大空间公共建筑绿色设计新方法与技术协同优化"课题组的成果之一，在编制研究过程中得到课题组老师、同学们的大力支持与帮助：张彤老师团队在空间调节方面相关的理论成果为本导则奠定了研究基础，陈振乾老师团队的高大空间气流组织机制与优化成果为本导则提供了依据，马晓东老师团队的建筑设计实践经验与项目成果为本导则的理论联系实际提供了扎实的支撑。此外，其他子课题的课题组成员在过程中的交流分享也为本导则的编制提供了借鉴。

除了课题组的团队外，许多校外专家也为本导则的编制工作提出了诸多宝贵意见。衷心感谢江苏省建筑科学研究院有限公司许锦峰总工程师、南京大学建筑与城市规划学院冯金龙教授、南京大学建筑与城市规划学院傅筱教授、南京工业大学建筑学院胡振宇教授、东南大学建筑设计研究院有限公司孙逊总工程师、南京市长江都市建筑设计院有限公司田炜副总工程师等专家学者在导则开展、评审等过程中给出的意见建议，为导则的进一步完善打下了良好的基础。另外，也要感谢江苏省科技厅对本导则编写工作的大力支持。

最后，衷心感谢本团队的曲冰、裴逸飞、刘科、韩岗、周海飞、孙丽君、文跃茗、李曲、王笑天、李启明、燕南、许立瑶、钱禹、商源、吴家成、刘辛遥、王玥、周瑶逸等成员，为导则编制工作的顺利展开提供了帮助。特别是刘科博士对高大空间全过程低碳设计的理论研究，以及李曲硕士对前工院改造项目的设计优化分析都为本导则奠定了基础。

参考文献

[1] 范存养. 大空间建筑空调设计及工程实录 [M]. 北京：中国建筑工业出版社，2001.

[2] 中华人民共和国住房和城乡建设部. 绿色建筑评价标准：GB/T 50378—2019[S]. 北京：中国建筑工业出版社，2019

[3] 中华人民共和国住房和城乡建设部. 建筑节能技术政策 [EB/OL]. [2019-03-11].http://www.lscps.gov.cn/html/12388.

[4] 中华人民共和国住房和城乡建设部. 绿色生态住宅小区建设要点与技术导则 [S/OL]. [2019-03-12]. http://www.jianbiaoku.com/webarbs/book/24485/743314.shtml.

[5] 中华人民共和国住房和城乡建设部. 公共建筑节能设计标准：GB 50189—2015[S]. 北京：中国建筑工业出版社，2015.

[6] 中华人民共和国住房和城乡建设部. 严寒和寒冷地区居住建筑节能设计标准：JGJ 26—2018 [S]. 北京：中国建筑工业出版社，2019.

[7] 中华人民共和国住房和城乡建设部，国家质量监督检验检疫总局. 节能建筑评价标准：GB/T 50668—2011[S]. 北京：中国建筑工业出版社，2012.

[8] 中华人民共和国住房和城乡建设部. 公共建筑节能检测标准：JGJ/T 177—2009[S]. 北京：中国建筑工业出版社，2010.

[9] 国际标准化组织. 热舒适标准：ISO 7730 [S].2005.

[10] 中华人民共和国住房和城乡建设部. 民用建筑供暖通风与空气调节设计规范：GB 50736—2012[S]. 北京：中国计划出版社，2012.

[11] 史立刚. 大空间公共建筑生态化设计研究 [D]. 哈尔滨：哈尔滨工业大学，2007.

[12] 胡仁茂. 大空间建筑设计研究 [D]. 上海：同济大学，2006.

[13] 郑天乐. 夏热冬冷地区高大空间绿色建筑设计研究：以

前工院中庭改造项目为例 [D]. 南京：东南大学，2018.

[14] 王龙阁. 不同高大空间建筑气流组织设计优化研究 [D]. 重庆：重庆大学，2015.

[15] 李传成. 大空间建筑通风节能策略 [M]. 北京：中国建筑工业出版社，2011.

[16] 刘焱，杨洁，张旭，等. 基于顶部排风的大空间建筑热环境模拟与节能性分析 [J]. 建筑节能，2010，38（11）：22-26.

[17] Shaviv E，Yezioro A，Capeluto I G. Thermal mass and night ventilation as passive cooling design strategy[J]. Renewable Energy，2001，24（3/4）：445-452.

[18] 李琳，杨洪海. 高大空间四种气流组织的比较 [J]. 建筑热能通风空调，2012，31（3）：60-62.

[19] 谢磊实. 高大空间置换通风的气流组织及数值模拟 [D]. 天津：河北工业大学，2012.

[20] 贾学斌，张雷，陈敬文. 高铁站房大空间空调送风的气流组织分析与研究 [J]. 铁道科学与工程学报，2015，12（4）：762-768.

[21] 王峰，马伟骏，魏炜，等. 超大展览空间空调通风系统设计研究 [J]. 绿色建筑，2013，5（3）：11-19.

[22] 陈飞. 建筑风环境：夏热冬冷气候区风环境研究与建筑节能设计 [M]. 北京：中国建筑工业出版社，2009.

[23] 李曲. 低碳视角下夏热冬冷地区高大空间建筑设计优化研究：以东南大学前工院改造方案为例 [D]. 南京：东南大学，2019.

[24] 清华大学建筑节能研究中心. 中国建筑节能年度发展研究报告 2010[M]. 北京：中国建筑工业出版社，2010.

[25] 杨芳龙. 地下高铁站广深港客运专线深圳福田站设计 [J]. 山西建筑，2010，36（19）：48-49.

[26] 陈雄，潘勇，周昶. 新岭南门户机场设计：广州白云国际机场二号航站楼及配套设施工程创作实践 [J]. 建筑学报，2019（9）：57-63.

[27] 盛晖. 突破与创新：武汉火车站设计 [J]. 建筑学报，2011（1）：80-83.

[28] 胡映东，张昕然.城市综合交通枢纽商业设计研究：以上海虹桥综合交通枢纽项目为例 [J].建筑学报，2009（4）：78-82.

[29] 格茨.南宁国际会展中心与深圳会展中心 [J].时代建筑，2004（4）：96-101.

[30] 丁荣，杨光伟，卢东晴.世界级湾区"巨无霸"会展综合体：深圳国际会展中心 [J].建筑技艺，2019（2）：64-69.

[31] 刘世军，马以兵，赵霞，等.现代交通建筑地域文化印象：泉州火车站设计 [J].建筑学报，2011（1）：90-91.

[32] 邱小勇，钱方，张洁，等.鹏翼千里 汇盈广大：重庆江北机场 T3A 航站楼设计解析 [J].建筑学报，2019（9）：69-73.

[33] 陆诗亮，解潇伊，李磊，等.单一走向复合：基于全民健身的场地层叠式体育馆设计研究 [J].城市建筑，2017（13）：112-115.

[34] 董丹申，陈建，蔡弋.山水气韵平衡综合：临安市体育文化会展中心创作札记 [J].建筑学报，2017（3）：78-79.

[35] 许懋彦，张音玄，王晓欧.德国大型会展中心选址模式及场馆规划 [J].城市规划，2003，27（9）：32-39.

[36] 张振辉，何镜堂，郭卫宏，等.从绿色人文视角探索传承转化之路：中国 (泰州) 科学发展观展示中心设计思考 [J].建筑学报，2013（7）：84-85.

[37] 王群，李维纳.浓郁的地方特色 现代化的火车站：苏州火车站设计 [J].建筑学报，2009（4）：64-66.

[38] 王群，李维纳，叶妙铭.沙滩上的椰子林 :博鳌火车站设计 [J].建筑学报，2011（12）：80.

[39] 李敏.会展建筑的节能策略研究及实践：以宿迁市会展中心为例 [D].南京：东南大学，2012.

[40] 汪奋强，叶伟康，孙一民，等.适宜技术与理性营建：江门市滨江体育中心设计回顾 [J].建筑学报，2019（5）：43-47.

[41] 潘勇，陈雄.广州亚运馆设计 [J].建筑学报，2010（10）：50-53.

[42] 大野胜，鈇岩崇，谢少明.开放的、与自然共呼吸的建筑：深圳湾体育中心设计所感 [J].建筑学报，2011（9）：78.

[43] 孙一民，冷天翔，申永刚，等．云水禅心：广东奥林匹克游泳跳水馆设计 [J]. 建筑学报，2010（10）：58–59.

[44] 陆诗亮，初晓，魏治平，等．大连市体育中心体育馆建筑设计 [J]. 建筑学报，2013（10）：70–71.

[45] 刘世军，山农，王瑞．现代交通建筑的地域精神：三亚火车站方案设计 [J]. 建筑学报，2009（4）：67–69.

[46] 王晓群．北京大兴国际机场航站区建筑设计 [J]. 建筑学报，2019（9）：32–37.

[47] 王亦知，石宇立．北京大兴国际机场采光顶，北京，中国 [J]. 世界建筑，2019（4）：97–99.

[48] 陈雄，潘勇．干线机场航站楼创新实践：潮汕机场航站楼设计 [J]. 建筑学报，2014（2）：75.

[49] 宋德生．杭州萧山国际机场航站楼设计 [J]. 建筑学报，2002（4）：48–50.

[50] 沈列丞，陆燕，马伟骏．南京禄口国际机场 2 号航站楼空调与节能设计 [J]. 暖通空调，2017，47（8）：66–72.

[51] 孙一民，陶亮，叶伟康，等．淮安体育中心体育馆，江苏，2009—2013[J]. 建筑创作，2012（7）：86–89.

[52] 孙一民．基本问题的解决与思考：中山体育馆设计反思 [J]. 华中建筑，1999，17（3）：59–61.

[53] 吴晨．历史传承 金陵新辉：南京南站主站房建筑设计 [J]. 建筑学报，2012（2）：48–49.

[54] 叶伟康．2010 年广州亚运会武术馆建筑设计 [J]. 新建筑，2008（6）：105–107.

[55] 叶伟康，汪奋强，陶亮．2010 年广州亚运会武术比赛馆：南沙体育馆 [J]. 建筑创作，2010（11）：132–145.

[56] 商宏，刘晓英．客家围屋：2010 年广东省运会主会场惠州奥林匹克体育场 [J]. 建筑学报，2010（8）：88–89.

[57] 夏兵．教学的空间·空间的教学：东南大学建筑学院前工院改造设计 [J]. 建筑学报，2008（2）：84–87.

[58] 中华人民共和国住房和城乡建设部．民用建筑能耗标准：GB/T 51161—2016[S]. 北京：中国建筑工业出版社，2016.